母乳辣妈
养成记

张仁凤◎著

中国友谊出版公司

图书在版编目（ＣＩＰ）数据

母乳辣妈养成记 / 张仁凤著 . -- 北京：中国友谊
出版公司，2021.11
ISBN 978-7-5057-5301-3

Ⅰ. ①母… Ⅱ. ①张… Ⅲ. ①产妇 - 食谱 Ⅳ.
① TS972.164

中国版本图书馆 CIP 数据核字 (2021) 第 174898 号

书名	**母乳辣妈养成记**
作者	张仁凤
出版	中国友谊出版公司
发行	中国友谊出版公司
经销	新华书店
印刷	小森印刷（北京）有限公司
规格	710×1000 毫米　16 开
	16 印张　203 千字
版次	2021 年 11 月第 1 版
印次	2021 年 11 月第 1 次印刷
书号	ISBN 978-7-5057-5301-3
定价	58.00 元
地址	北京市朝阳区西坝河南里 17 号楼
邮编	100028
电话	(010) 64678009

前 言

产后这样吃，一边哺乳一边健康瘦

2019 年 5 月 23 日，我在产后第二天，就抱着宝宝在医院的走廊里溜达。妹妹说，她在产后第二天下床时还要人搀扶，没想到我这个 35 岁的二宝妈，竟然比当初 25 岁身为初产妇的她，恢复得还要好、还要快。这一切，得益于我多年践行均衡营养餐。

我的两个宝宝，在 0~6 月龄都实现了纯母乳喂养。辅食添加后，才逐步减少母乳量。在产后 42 天体检时，我的各项指标都正常，体重也恢复到孕前水平，见图 1。体检第二天，我就回到食医佳营养教练班，开始线上营养培训与咨询的日常工作。

我为自己搭配的营养餐实现多重功效，一边满足泌乳需要，一边悄悄把孕期囤积的脂肪消耗掉；既能修复因孕产而疲惫的身体，又让我在工作时精力充沛。我将通过本书，将这套方法分享给你。

其实，我并不是天生的易瘦体质。曾经，我是个一逛街就自卑的小胖妹，服务员常常用一句"你穿不上"把我打发走。

图 1 二宝满月照
(除标注的图片，本书插图均由作者提供)

图 2 中有我最胖时的照片，那是 18 岁时花季的我。我曾采取长时间挨饿、不吃晚餐、不吃肉、不吃任何零食等方式减肥，均无法持续减重。直到系统性地学习营养学后，我才通过均衡饮食，回到理想体重。

这套饮食模式的基本原理，也适用于哺乳期。我根据哺乳期特殊生理需求，设计了哺乳期"瘦哺营养餐"，并开发了国家版权课程，数百位月嫂学员通过它，帮助数千位新妈妈实现一边哺乳、一边健康瘦身的辣妈梦想，月嫂们也因此备受好评。

为了帮助更多宝妈和母婴工作者，我结合学员反馈的数千个经典案例、上百个营养餐食谱撰写此书，直接为你展示应用"瘦哺营养餐"的方法论和 21 个好习惯（附录），帮助你应对产后母乳不足、体重超标、"月子病"等难题。

图 2　左上图是 18 岁时、
右上图是 25 岁时、
下面两图是 30 岁时

一、一边哺乳一边健康瘦的奥秘，是 1+1 ＜ 2

从贫穷时期每天攒 8 个、10 个鸡蛋给产妇补身体，到现在每月花几万元住月子会所，我们从古至今，都重视产妇进补。到底应该补什么、补多少呢？我们通过分析宝妈哺乳与否，来探寻哺乳期进补的艺术。

当宝妈放弃母乳喂养时，她的饮食仅需满足其个人生理及调养所需，我们称之为第一个"1"；当她选择母乳喂养时，她需要增补食物以合成乳汁，我们称之为第二个"1"。

乳母进补的核心，是补充第二个"1"，即根据乳汁成分增加进补量，就可以只增奶量不增肥。为什么说 1+1 ＜ 2 呢？因为分泌乳汁，是像游泳、跑步一样的耗能活动，随乳汁流走的脂肪、蛋白质、糖分也能带走能量，从而消耗乳母体脂。当我们根据乳母及乳汁营养需要来安排饮食时，便可实现 1+1 ＜ 2。哺乳，就是静态的运动，让乳母自然减重。

既然哺乳期可以多吃不胖，为何那么多乳母产后"发福"，甚至断奶后都瘦不下来呢？因为，她们的进补量超过泌乳所需；反之，若进补量不达标，将造成母乳不足及宝妈和宝宝的免疫力下降。

本书前三章，通过场景化案例与食补方案，为你展示乳母应该补什么、补多少。通过精准进补，守护两代人。

第一章　瘦哺的依据与方式：给你一双营养师的眼睛，看见食物里的维生素、矿物质、蛋白质等七大营养素，掌握产后进补的大局观，不被纷杂的信息带偏。

第二章　防控月子病：结合食医佳营养教练班的真实案例，分析产后疼痛、贫血、肠胃不适、皮肤暗沉等常见症状的营养学原理，并通过进补公式、食材推荐和食谱示范，教你定制调理方案。

第三章　选对瘦哺食物：我不仅为你准备了一张五星级食材选购清单，让你能看到选购各类食材的要点，还为你准备了替换方案，通过食谱与详细的制作步骤，教你烹制瘦哺餐。让你拥有产后饮食的选择与决定权，食物能吃与否、吃得多或少，你说的算。

二、坐月子无法真正改变体质，你需要关注整个哺乳期

越来越多践行母乳喂养的女明星，通过匀称体型让大家看到科学月子餐的魅力。因此，明星的月子餐食谱动辄几万元到几十万元不等。

人们寄希望于坐个好月子就既能改善体质，又母乳充足。然而，哺乳一天就需要增加一天的营养供应，否则将影响奶量或造成乳母体质下降。因此，实现母乳辣妈的梦想，应该关注整个哺乳期饮食，而非局限于月子期。

在第四到六章，我根据泌乳规律，将哺乳期分为三大板块、七个阶段。通过全天食材采购清单、带量食谱和成品图，教你搭配从开奶到离乳的"瘦

哺营养餐"。

第四章　月子餐搭配与示范：我根据生产方式、子宫复旧进程与泌乳规律，分产后第 1 周适应期、第 2~3 周习惯养成期、第 4~6 周初步验收期，讲解不同时期的调理重点及全天营养餐搭配方案。

第五章　产后 2~6 月，配餐方法与食谱：在此阶段，乳母奶量随宝宝发育而递增，属于泌乳高峰期。本章通过家庭餐、带餐和在外点餐三个场景，教你用瘦哺模型随时随地搭配吃不胖的瘦哺餐。

第六章　从辅食添加到离乳：添加辅食后，宝宝的奶量将逐步减少直至离乳，你需要逐步降低进补量以避免能量过剩。我将这个板块分为辅食添加期、离乳期和离乳后三阶段，为你示范动态递减进补量直至常规饮食的配餐方法。让你通过养成易瘦生活习惯，形成易瘦体质，美瘦一辈子。

三、三个方法，让本书成为瘦哺工具

"读书方法千万条，切身实践第一条。"如何从知道到做到，我向你分享三个方法。

1. 通读此书，用时查阅

当你通读本书后，在哺乳期选购食材、调理身体及健康减重方面，你将形成独立的思考与判断能力。在哺乳期不同阶段，你可随时查阅本书内容，在相关食谱的示范下，更换部分食材，搭配自己的瘦哺餐。

2. 用 21 天养成好习惯

我将瘦哺营养餐的操作重点，归纳为 21 个瘦哺好习惯（附录）。通读本书后，你只要每天操作一个关键点，21 天后你就能将书中理论应用于餐桌。

3. 加入妈妈社群

形成好习惯，需要氛围、支持与陪伴。请你关注公众号"注册营养师张仁凤"，加入新妈妈瘦哺营养群，和同频的朋友一起学习与实践，让知识内化为能力，使习惯成自然。当你遇到问题，也可随时咨询驻群营养师。

尽管本书提供了大量食谱，你也不必完全按照食谱操作。它们仅仅是一种示范，启发你在掌握原理后，为自己或宝妈定制瘦哺餐。无论你是新妈妈、宝妈家属还是母婴工作者，都可以通过此书掌握产后调理主动权。

目录

第一章

瘦哺的依据与方式

第一节　产后调养，围绕七大营养素展开

一、一个量表，测测你的产后健商有多高

智商决定学习力，情商决定人际关系，而健商决定健康水平。健商，也就是健康意识、健康知识和健康技能的总称。

2015 年，山东青岛市同安街社区卫生服务中心，对 240 名产妇进行健商调查。结果显示，健康知识匮乏的女性，出现乳腺炎、子宫复旧不全、牙龈炎和产褥期感染的比例更多。由此可见，健商直接决定产后健康状态。你的健商如何呢？不妨通过表 1-1-1 测试一下吧。

表 1-1-1　产褥期健康调查表

产褥期健康调查表	
1	产后居室应该通风吗？
2	产后应该下床吗？
3	产后应该洗澡吗？
4	产后应该刷牙吗？
5	产后应该吃新鲜瓜果吗？
6	鸡鱼肉蛋是优质蛋白质来源吗？
7	黄豆是优质蛋白质来源吗？
8	鸡汤比鸡肉更有营养吗？

资料来源：《产褥期保健知识与相关行为调查研究》，张慧媛，《中外女性健康研究》

（2017 年 08 期）

在表 1-1-1 的 8 个问题中，1~7 题是肯定答案，只有第 8 题的答案是否定的。你答对了几题呢？

1. 保持干净不是生病的原因，肮脏和寒冷才是，产后应洗头洗澡

某宝妈坚持坐月子不洗澡，产后 42 天去体检时，医生责备说："你好臭啊，去洗干净了再来检查，女人要注意自我清洁不知道吗？"

没有热水器、空调和暖风机的时代，为避免感冒，女性在冬天坐月子不洗头、不洗澡，情有可原。如今，产妇仍然不洗漱，就犯了刻舟求剑的错误。

产后第 1~2 周，产妇常常汗涔涔的，这时她们正处于褥汗排泄期。若一个月不洗澡、不洗头，身体就会发黏、发臭、发痒、易感染。

分娩后，增厚的子宫内膜脱落，阴道出血的过程，称为排恶露，这相当于加长版的生理期。部分流经外阴的恶露会滞留在皮肤上，滋生细菌，诱发妇科炎症。此时宫颈口张开、子宫创面未完全愈合，若细菌逆行亦增加感染风险，从而引起子宫复旧不全。

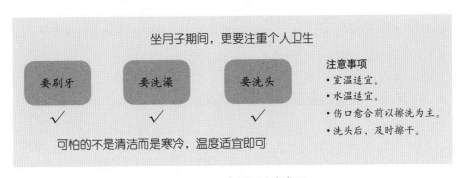

图 1-1-1 坐月子注意事项

产妇可以利用现代化的保暖措施，洗头、洗澡，注意个人卫生。初期，应避开伤口，擦洗身体；待伤口愈合后，可选择淋浴。由于宫颈口张开，产褥期不推荐坐浴。洗头后，应及时擦拭水分，并用暖风机吹干头发。

2. 牙疼、牙齿松动，更要早晚刷牙

身边的老人说，坐月子不能刷牙，要不然牙齿会松动，吃冷、酸、辣的食物会牙疼。既然如此，为什么爱吃糖的孩子牙疼了，就叮嘱他们多刷牙呢？其实，牙齿酸痛的罪魁祸首之一，是牙龈炎及牙周炎。

不刷牙，更容易牙齿松动和酸痛。一方面，因孕期蛋白质及钙元素的流失量大，引起牙龈萎缩及牙齿疏松。刷牙时，会出现牙齿晃动的现象，给细菌以可乘之机，从而诱发牙龈炎及牙周炎。另一方面，传统的坐月子方式提倡不刷牙，口腔就成了细菌的温床。细菌破坏牙釉质，暴露的牙神经直面酸、冷、热等食物的"摧残"，疼痛难忍。无论哪种原因，保持口腔清洁，就是对抗细菌的有效手段。若已出现牙齿晃动，可先用软毛牙刷轻轻擦洗。同时，每天摄入奶和豆制品，既补钙又补充蛋白质；瘦肉、禽肉和鱼虾等食材富含优质蛋白质，也可强龈固齿。

3. 产褥期应适当活动，避免久坐、久躺

肌肉是一种用进废退的组织，越使用就越发达。躺着坐月子，你会觉得越来越累，因为肌肉长期不使用，慢慢就退化了，力量随之下降而倍感疲惫。产后，产妇应尽早下床走动，进行轻微的身体活动。

4. 产后可以选用空调，应适当通风

坐月子时，家里可以开空调吗？当然！夏季炎热时，产房里 24 小时开着空调，在家为何不可呢？只要调到适宜的温度，产妇避免迎风吹即可。居室应常开窗通风，保持空气自然流通。避免因生活垃圾而带来的空气污染，以降低母婴呼吸系统感染的风险。

5. 产后防便秘，应保证果蔬摄入量

小茹坐月子时，每天吃的都是大鱼大肉，没有果蔬，因为她的母亲说吃果

蔬会伤胃。这样下来，她要三四天才排一次大便，每次都要半个小时以上，现在想起来她都心有余悸。坐月子不吃果蔬，既会引起宝妈便秘，也会降低宝妈的免疫力。

产后肠胃不适，不是果蔬的错，而是产后1~2周，肠胃如刚刚跑完马拉松的运动员需稍作休息。若摄入过量高营养、难消化，或过于生冷辛辣的食材，都可能引起肠胃不适，而非因果蔬"寒凉"的天性引起。

注意事项:

• 食用常温或微加热的水果，不吃刚从冰箱里拿出来的水果。

• 产后初期选择嫩叶、瓜茄类易消化蔬菜，逐步扩大选择范围。

6."吃肉不如喝汤"，这个老观念应该改改了

表1-1-2　100 g 瓦罐鸡汤与鸡肉的营养素含量对比

瓦罐鸡汤 VS 鸡肉				
名称	水分	脂肪	蛋白质	铁
鸡胸脯肉	71.7%	1.9%	24.6%	1.0 mg
瓦罐鸡汤（汤）	95.2%	2.4%	1.3%	0.3 mg
获胜方	鸡汤	鸡汤	鸡肉	鸡肉

资料来源：《中国食物成分表（标准版第6版第2册）》（2019年出版）

鸡汤与鸡肉，哪个更有营养呢？由表1-1-2可见，鸡汤是油水混合物，在物资匮乏的年代，吃肉确实不如喝汤。这种说法，也是一种类似于妈妈说"鱼头比鱼肉更好吃"的心理安慰，谁让那时候我们吃不起肉呢。

如今，新妈妈普遍能量过剩、体重超标，要是再喝高能量的油汤，只会在肥胖的路上越走越远。而产后伤口愈合、体力恢复及泌乳所需的优质蛋白质、铁与锌等营养素，都在瘦肉中。

如今，人们买得起肉了，我们的观念就该改改了，喝汤，真的不如吃肉。

对吃肉还是喝汤这件小事的认知，折射出不同的健康水平，也带来不同的健康结果。为了母婴两代人终生的健康，我们应该提高健康意识、学习健康知识、提升健康技能，从而享受健康人生！

二、产后调养，三大营养天团，一个都不能少

俗话说："金水、银水，不如妈妈的奶水。"母乳可作为0~6月龄宝宝，除维生素D以外唯一的食物来源。所以，母乳含有的，就是宝宝需要的。研究母乳成分，就是探寻宝宝营养需求的窗口。

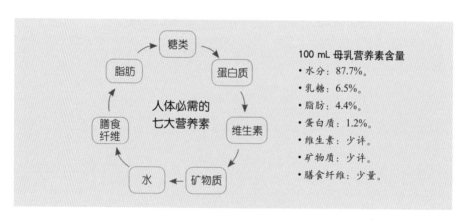

图1-1-2 七大营养素

100 mL母乳中99%以上的成分，就是七大营养素，即脂肪、蛋白质、糖类、维生素、矿物质、膳食纤维和水分。它们不仅仅是母乳的主要成分，当你仔细研究婴儿奶粉时，也会发现它们的踪迹。

婴儿奶粉中90%以上的成分（如图1-1-3），也是七大营养素。若用科学仪器去分析粮油、果蔬、肉蛋等食物，会再次发现它们。

是的，母乳、食物，包括人体90%以上的成分，就是这七大类物质，这就是人类赖以生存的七大营养素。

当乳母无法哺乳宝宝时，就需要寻找其他动物的乳汁替代。它们营养相似，而含量却不尽相同。所以，婴儿不能直接喝牛羊乳，而应该喝改良版的配方奶粉，即以母乳成分为配方，对其各类营养素进行增减。

图1-1-3
某品牌婴儿配方奶粉

例如，牛奶中的蛋白质含量高于母乳，不利于婴儿吸收，就需要降低其含量；牛奶中DHA（二十二碳六烯酸）的含量低于母乳，则需要额外添加。

不同奶源的牛奶营养素含量有差异；不同饮食，母乳营养也不尽相同。这七大营养素藏身于不同食物中。所以，在学调养、学做瘦哺餐之前，我们应首先认识这七大营养素。产后调养，就是一门从食物中摄取七大营养素的艺术。

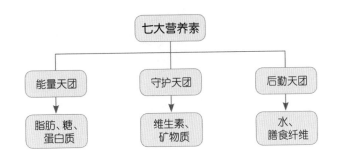

图1-1-4　七大营养素分组

七大营养素就像天使一样守护着我们，根据它们的作用，我将其分为三个组合，即能量天团、守护天团和后勤天团。

1. 能量天团：生命的发动机，理想体重的决策人

让电动小汽车奔跑的，是电能；让木材燃烧的，是热能；让人类既能活动，又维持适宜体温的，是食物提供的能量。食物中的营养素，是人类维持体温与一切生命活动的物质基础。有了它们，我们才能开展生命活动。可提供能量的营养素共三种，即脂肪、蛋白质与糖类，它们又被称为三大产能营养素，即能量天团。

能量，可以赋予我们无形的力量和有形的体重。我们通过一日三餐摄入能量，通过所有生命活动消耗能量。若能量摄入与消耗相当，普通成年人就可以维持均匀的理想体型。

若摄入的能量用不完，它们就会转化为脂肪储存起来，人的体重就超标了；当摄入的能量不够用时，孩子容易发育迟缓，成人也会日渐消瘦。如图 1-1-5 所示。

图 1-1-5　能量的平衡

- 能量平衡：能量摄入与消耗相当，适合维持理想体重的普通成年人。
- 能量正平衡：能量摄入大于消耗，适合孕产妇、生长发育期儿童及体型消瘦者。
- 能量负平衡：能量摄入小于消耗，适合需要减重的人群。

哺乳期减重，就是在满足泌乳需要的前提下，实现能量负平衡。所以，我们要选择高营养、低能量的食材，这就是我在后文为你推荐瘦哺食材的出发点。

（1）脂肪：供能冠军

每克脂肪可提供 9 kcal 能量，相当于糖类或蛋白质的 2.25 倍！它藏身于肥肉、奶油、糕点和烹饪油中。食物中若添加了脂肪，能量值可以翻倍。例如，一个油煎荷包蛋的能量，相当于两个蒸鸡蛋；一口三肥七瘦的五花肉，相当于两口瘦肉。我们应选肥肉少而瘦肉多的肉类；烹饪时，应避免油炸等高油的烹饪方式。

然而，脂肪摄入量并非越低越好。小雪为了产后快点瘦下来，她不吃肉，只吃水煮菜。虽然有母乳，但是乳汁很稀薄，宝宝吃奶后，不到一个小时就饿得哇哇大哭。她想继续哺乳，又怕增肥。我告诉她，平衡之道在于选择低能量瘦肉与适量食用油，而非无油无肉的饮食。

母乳中的脂肪含量少，宝宝的饱腹感差。当小雪把适当肉食请回餐桌，不再吃水煮菜时，奶量回升了，体质也越来越好了。而且脂类约占脑组织干重的25%，若乳母适量摄入脂肪，可促进宝宝的智能发育。例如，被称为"脑黄金"的 DHA，本质上就是一种脂肪酸。

脂肪是浓缩的能量，过量就体重超标，不足则影响母乳质量。乳母合理摄入脂肪，才能兼顾乳汁的口感与健康。

（2）蛋白质：身体的建构师

动物皮下瘦组织及五脏六腑等实质器官，含水量约 70%，蛋白质含量约 15%~25%。蛋白质占瘦组织及细胞干重的 80% 左右，人类也不例外。蛋白质是构建身体最重要的原料，也是肌肤紧致与青春的保证。

乳汁中的蛋白质皆来自乳母，若蛋白质摄入不足，就会动用肌肉（瘦组织）中的库存量。接下来，女性最担心的事情就发生了，那就是因肌肉减少与萎缩，身体变得松松垮垮。比如苹果肌下垂、法令纹出现；胸肌萎缩，乳房下垂；肠胃蠕动能力下降，消化不良等。同时，若蛋白质不足，将影响伤口愈合、体力恢复、免疫力，并最终影响泌乳量。

脂肪与蛋白质常结伴出现在肉中，脂肪主要在肥肉中，蛋白质则在瘦肉中。蛋奶和大豆，也是优质蛋白质的来源。想保持苗条身材的你，拒绝肥肉的时候，不要将瘦肉也拒之门外。

而蛋和奶中脂肪含量较恒定，若你的体重超标较多，可选择低脂或者脱脂牛奶，这样就能在蛋白质不减少的前提下，降低一半能量值。

（3）糖类：最便捷的能量来源

你知道吗？即使不吃任何甜品，你每天也大约摄入 200 g 糖。因为，米饭、馒头等粮谷食物中的淀粉，经过消化分解后都变成了葡萄糖。淀粉，就是最主要的糖类。只是，葡萄糖的甜度明显低于蔗糖和果糖，所以常常被忽略。

根据来源，可将糖类分为从食物中提取出来的游离糖和来自天然食材的隐形糖。

①游离糖：指从甘蔗、甜菜等植物中提取出来的糖，以蔗糖为主。

当游离糖从食物中提取出来时，几乎不携带其他营养素，属于纯能量食材，将它们添加于其他食材中，只会增加总能量。因此，哺乳期减肥，需控制红糖、白糖等游离糖的摄入量。若烹饪部分食材需要加糖，每天应控制在 25 g 以内。

②隐形糖：它是膳食中最大的糖类来源，藏身于粮食、果蔬等食物中。

隐形糖是食物中的天然糖分，因藏身于不同的食物，其品种与甜度各异。例如，果蔬中的果糖和蔗糖，牛奶中的乳糖，米、面、红薯等粮食中的淀粉，如图 1-1-6 所示。

糖类
又名碳水化合物。

能量
每克提供 4 kcal 能量。

种类
葡萄糖、乳糖、蔗糖、果糖、乳糖、淀粉等。最终以葡萄糖的形式供能。

图 1-1-6　荞麦馒头

隐藏在主食里的淀粉，是最大的糖仓。所以，仔细咀嚼白米饭与馒头时，你会感到丝丝甜味。淀粉虽然甜度低，但是被淀粉酶分解后，最终是以葡萄糖的形式为身体提供能量的。所以，主食过量，糖类也会转化为脂肪储存在体内。

与馒头、米饭等精制主食相比，皮糙肉厚的玉米、红豆等杂粮，需要肠胃花较多时间消化，饱腹感更强。哺乳期常食用杂粮，就可以在不挨饿的前提下，减少食物量。

你也不必忌惮有甜味的天然食材。例如南瓜、红薯、水果等食物，其含水量高达 70%~90%，即便其余成分都是糖，含糖量也有限。当你用它们做辅料来制作米饭、粥、糕点、饮料时，可不额外增加蔗糖，就能将食物的甜蜜值提高几个层级。

2．守护天团：维持正常生命功能的关键元素

吃饱饭的你，可能身体正在挨饿！据世界粮农组织披露，全球约 20 亿人正遭受隐性饥饿。隐性饥饿，指能量充足而维生素、矿物质摄入不足的一种营养不良状态。

由于缺乏时人体并无饥饿感，初期不易被发现。若长期缺乏将影响生理功能，例如，因缺钙而腿抽筋，因缺铁而贫血等。这些症状具有隐秘性和滞后性，被称为"隐性饥饿"。当乳母有这些症状时，将影响容颜、体感、乳汁质量及宝宝身体发育。

维生素 C、维生素 D、钙、铁、锌等营养素就是重要代表，我们一起来探寻从食物中摄取这些营养素的方式。

（1）维生素：维护生命的要素

维生素
不提供能量，人体内含量少。

成员
VA、VB、VC、VD、VE、VK 等。

特征
长期缺乏影响生理功能。

来源
蔬菜、水果、全谷、部分肉类。

维生素，即维持生命的要素，包括 VA、VB、VC、VD、VE、VK 等。每种维生素的发现，都解决了很多困扰人类数年的健康问题。例如，你在孕期所服用的叶酸，就是维生素 B 族的一员，因为它，数以百万计的胎儿，避免了神经管畸形的风险。宝宝出生后，给新生儿按时服用的 VD，能帮助孩子远离佝偻症，促进骨骼健康发育。

下面，我为你介绍几种常见且易缺少的维生素。例如，可预防眼睛干涩肿胀的视黄醇（维生素 A），可预防口角炎、口腔溃疡的 VB 等。

 维生素 A
视黄醇

主要功能：

参与黏液合成，帮助眼睛、口腔等黏膜及皮肤保持湿润及抑菌功能。

可改善如下症状：

- 产后眼睛干涩、酸胀、视力下降。
- 呼吸系统因干燥而干痒、感染。
- 皮肤干燥、粗糙及毛囊炎等。

VA 的主要食物来源：

- 植物来源：枸杞、胡萝卜、橙子、西蓝花等深色果蔬（含可转化为 VA 的类胡萝卜素）。
- 动物来源：肝脏、蛋黄等。

 维生素 B
B₁、B₂、叶酸等

主要功能：

营养神经、促脂肪燃烧、保护皮肤。

可改善如下症状：

- 情绪异常、口腔及皮肤炎症。
- 食欲降低，消化功能下降。

VB 的主要食物来源：

爱吃蔬菜水果的人，也可能缺 VB，部分 VB 主要在杂粮、瘦肉、蛋奶里。

 维生素 C
L- 抗坏血酸

主要功能：

参与胶原蛋白合成，促进重金属、有害物排泄，提高免疫力。

可改善如下症状：

- 牙龈出血、皮肤青紫。
- 产后皮肤暗沉、免疫力下降。

VC 的主要食物来源：

冬枣、柑橘、猕猴桃等水果。

 维生素 D
D₂、D₃

主要功能：

运钙"神功"，促进钙沉积于骨骼；稳定情绪，维持正常神经功能。

可改善如下症状：

- 预防婴儿佝偻病、爱哭闹、发育迟缓。
- 预防乳母骨痛、牙齿松动、骨质疏松。

VD 的主要食物来源：

常晒太阳可自行合成 VD，而食物中 VD 含量低。

（2）矿物质：不仅是身体的支架，也是健康的调节剂

主要成员

钙、铁、锌、钾、钠、镁

特征

摄入过量时，易产生危害。

矿物质家族中，有多位营养"明星"。如骨骼的建构师"钙"世英雄；让女性面色红润的"铁"娘子；影响精子质量的"锌"先生等。身体里的矿物质含量充足，才能打造铜墙铁壁般的健康身躯！女性产后较容易缺乏钙、铁、锌。

 钙

主要功能：
骨骼的主要成分，维持神经及肌肉正常的兴奋性。

可改善如下症状：
• 产后腰背、膝盖、手腕疼痛。
• 腿抽筋、肌肉酸胀。
• 多梦、易醒、睡眠质量差。
• 满足宝宝骨骼发育需求。

钙的主要食物来源：
牛羊奶、青菜、豆腐等。

 铁

主要功能：
血红蛋白的主要成分之一，为组织携带及输送氧气。

可改善如下症状：
• 产后头昏、头晕、乏力。
• 口唇、眼睑及脸色暗黄。
• 记忆力下降、呼吸道感染等。

铁的主要食物来源：
红肉、贝类及动物肝、血，VC 也可促进膳食铁吸收。

 锌

主要功能：
参与细胞分化增殖，增进食欲与消化功能，促进宝宝体格及智能发育。

可改善如下症状：
食欲下降、伤口愈合缓慢、脱发及指甲薄脆。

锌的主要食物来源：
瘦肉、蛋、小麦胚芽等。

3. 后勤天团："物流系统＋环卫团队"

成人的身体，含水量约 60%~70%。水分是血液与体液的主要成分，就像物流公司一样，是运输营养素与代谢物质的主要元素，也是母乳的主要成分。当膳食纤维吸附水分后，可增加粪便体积，防控便秘，它们像环卫团队一样促进代谢物排泄。

（1）水：不仅是最催奶的营养素，也是减肥的好帮手

如果你问我，哺乳最重要的营养素是什么？我会首推水！以每天分泌 0.8 L 乳汁计算，乳母平均每天通过乳汁排出 0.7 L 水。哺乳 100 天，就是 70 L。这些水都不是乳母凭空产生的，而是来自饮食。所以，若膳食中水分不足，将直接减少当天泌乳量。

如果你问我，能增加体积，却不增加能量的营养素是什么？我的答案依然是水。哺乳期的你，常食用粥、素汤、牛奶等高水分的流食，它们就会占据胃部的空间，而自然减少进食量。水，就是减肥的好帮手。

水的宝贵，在于本身无能量，却包容万物。所以，乳母平均每天应饮用 2100~2300 mL 水，而非添加了糖分的高糖果汁或饮料。

（2）膳食纤维：相当于身体的"环卫队"，也是最容易被忽略的营养素

树木的纤维，可用于造纸；而食物里的纤维，可促进排便。膳食纤维，指植物性食品中，不能在小肠中消化的部分，它们是食物残渣最主要的来源。它们就藏在水果蔬菜及被你丢弃的粮食外皮里。

膳食纤维具有四大功能：增大、增稠、吸附、酵解。因膳食纤维具有持水性，遇水后可膨大为自身体积的 2 到数倍。因此，膳食纤维可增加食糜的体积，提升饱腹感，它们可以让普通的饼干和谷物粉，变成能减肥的代餐饼干与代餐粉。因能增加粪便体积，缩短两次排便时间，它们常作为原料，用于生产促进排便的保健品及药物。

膳食纤维像能吸水的扫把一样，一边增加废物体积，一边吸附胆固醇、脂肪、毒素等随粪便排出。说它们具有排毒养颜的功效，一点都不为过，例如桃胶、秋葵、木耳、燕麦等。

会用"膳"，才算会保健。哺乳期常吃全谷物、水果和蔬菜等食物，不仅仅可以预防便秘，也能够预防皮肤晦暗、长斑。

膳食纤维

特征

可增加食糜体积而增加饱腹感，也可增加粪便体积而促进排便。

来源

麸皮、全谷、大豆、果蔬、薯类。

图 1-1-7　全谷物和杂豆

产后哺乳与调养，不靠某个明星食材，而靠七大营养素团队协作。营养调理，贵在全面均衡！

三、出现这几种症状，说明你已经营养不良

1. 母乳不足：营养不均衡是影响泌乳量的原因之一

看着宝宝吸不出乳汁，仰头哇哇大哭的样子，小黄很纳闷，明明自己每天都喝几大碗汤，为什么母乳还不足呢？她本人也面色蜡黄，总是提不起精神，到底哪里出了问题呢？

营养教练吴国银详细了解小黄的饮食后，发现她虽然汤水充足，但是严重缺乏肉、蛋、奶。总能量与优质蛋白质都不达标，身体缺乏足够的原材料合成母乳，最终造成泌乳量下降。

根据营养师的指导，小黄调整了饮食结构。

- 增加肉蛋奶：保证每天 150~200 g 瘦肉，1 个鸡蛋，300~500 mL 奶。

- 减少部分主食：当优质蛋白质充足以后，自然吃不下那么多主食了。

- 调整汤水：将高脂油汤换成低脂的豆浆、素汤等。

这样调养一段时间后，小黄的母乳量增加，她的皮肤也愈发红润、紧绷了；之前因营养不良而引起的乏力、睡眠质量差等问题，都一一改善了。

母乳量不足或持续下降，就需要检查能量、蛋白质、水分等是否充足。乳母的饮食质量，直接决定母乳量与营养状况。

2. 体质下降：出现亚健康及营养素不足

晓琴怀大宝后没注意饮食，留下腰腿疼的毛病。她以为这就是传说中的"月子病"，听说"月子病只能月子治，要治好月子病得再坐一次月子"，她准备生二胎时好好养一养。

事如人愿，生二宝后，她腰腿疼的毛病真的消失了。学了营养学后，她分析了两次坐月子的区别，才发现秘诀在饮食中。第一次坐月子时，由于年轻，她的饮食不规律；第二次坐月子时，她饮食很规律，孕妇奶粉、水果蔬菜、肉蛋等食物都充足，之前营养不良的症状便消除了。

人们常常把坐月子后有明显不适的问题，称为"月子病"。其实，这是营养不良长期存续的状态。只要营养充足，即使不重新坐月子，也能调理好"月子病"。

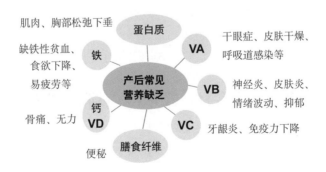

图 1-1-8　产后常见营养缺乏

3. 体重失衡：产后消瘦或肥胖

能量平衡的女性，体型匀称，而体型消瘦、超重及肥胖，意味着能量失衡。如何评价产后的体重是否合理呢？一般成年女性，可根据身体质量指数 BMI 来判断肥胖度，如下图 1-1-9 所示，这是判断肥胖度与健康程度的指标。

BMI 计算方式与体重分类（中国普通成人标准）

$$BMI = \frac{\text{体重（kg）}}{\text{身高}^2 \text{（}m^2\text{）}}$$

低于 18.5 消瘦	18.5~23.9 正常	24~27.9 超重	大于 28 肥胖

图 1-1-9　中国普通成人身体质量指数计算方法及标准

BMI 在 18.5~23.9 之间为健康体重。建议一名健康女性孕期增重 11.5~16 kg，分娩后减去胎盘、胎儿及羊水重量等，仍滞留约 5 kg 脂肪，用于合成乳汁。因此，产后 0~6 月的乳母，可将实际体重减去 1~5 kg，再计算 BMI 值。

在均衡膳食指导下，乳母在 6 个月内可恢复到孕前体重。因此，该 BMI 指标也适用于生产 6 个月以后的乳母。

四、召集五大类食材，营养天团就到碗里来

营养界将能量及营养结构相似的食物，分为五大类，即谷薯类、果蔬类、肉蛋类、奶豆类、油脂类，每一大类包括两个小类，共十小类，各类食材既发挥不同的生理功能，又相互协作。

如果每天的餐桌上出现一小类食材，就打半颗星。当集齐 5 颗星后，营养天团就会始终守护你。

1. 主食担当——谷薯类：谷类＋薯类，健康的好朋友

谷类
　　大米、小米、玉米、黑米、薏米、黑麦等。
薯类
　　红薯、紫薯、土豆、芋头、山药、木薯等。
核心营养素
　　糖类、膳食纤维、VB、蛋白质等。
食用要点
　　主食中添加薯类，增加甜蜜感；谷类中添加杂粮。

图 1-1-10　松饼
（母婴护理师覃传容制作及摄影）

2. 隐性饥饿克星——果蔬类：蔬菜水果天天有，大病小病绕着走

蔬菜核心营养素
　　糖类、VC、VB、类胡萝卜素、叶酸、钙、钾、膳食纤维等。
水果核心营养素
　　糖类、VC、膳食纤维、钾。

图 1-1-11　果蔬

3. 青春守护人——肉蛋类：有肉也有蛋，保障母乳充足和抗衰老

蛋类核心营养素
　　蛋白质、脂肪、VA、VB。
肉类核心营养素
　　蛋白质、脂肪、铁、锌、VB。

图 1-1-12　肉蛋

4. 运动担当——奶豆类：奶类 + 大豆类，钙与蛋白质不用愁

大豆类核心营养素

　　蛋白质、钙、VB、膳食纤维。

奶类核心营养素

　　蛋白质、脂肪、钙、VB。

图 1-1-13　西瓜豆花　图 1-1-14　红心火龙果奶昔

5. 能量银行——油脂类：坚果与油脂，适当选用不超标

核心营养素

　　脂肪、VE 等。

食用要点

　　平均每天食用坚果不超过 2 个核桃大小，食用油不超过 10 mL。

图 1-1-15　腰果仁　图 1-1-16　食用油

　　每天都检查一下你的餐桌，看看可以集齐上述几类食材呢？

哺乳与减肥相约，让每一滴母乳都帮你减肥

一、母乳喂养的五大好处

小薇有个烦恼，未婚的她，乳房却能分泌乳汁。经检查，这是体内泌乳素水平升高造成的。泌乳素，不仅可促进产妇分泌母乳，也能让非孕哺期的女性分泌乳汁。对于未孕的小雪来说，这就是一种疾病，即高泌乳素血症。这种疾病告诉我们，泌乳素是分泌乳汁的必要条件。

1. 母乳喂养，可降低子宫癌、卵巢癌发病风险

泌乳素又叫催乳素，它和催产素是促进乳汁分泌的主要激素。宝宝出生后，泌乳素水平迅速升高以启动泌乳机制。催产素又叫缩宫素，它不仅能促进乳腺管收缩，便于乳汁流出，又能刺激子宫缩复，预防子宫复旧不良。

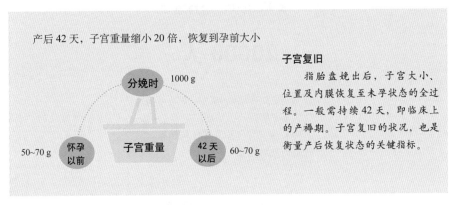

产后 42 天，子宫重量缩小 20 倍，恢复到孕前大小

分娩时　1000 g

50~70 g　怀孕以前　子宫重量　42 天以后　60~70 g

子宫复旧

　　指胎盘娩出后，子宫大小、位置及内膜恢复至未孕状态的全过程。一般需持续 42 天，即临床上的产褥期。子宫复旧的状况，也是衡量产后恢复状态的关键指标。

图 1-2-1　子宫重量变化

资料来源：《妇产科学》第 8 版（2016 年出版）

母乳喂养不仅能预防子宫缩复不良，减少产后出血、腹胀、感染、子宫内膜及盆腔感染的风险，还可以降低卵巢癌发病风险。且哺乳时间越长，保护效果越好。

2. 母乳喂养，可降低罹患乳腺癌的风险

未当妈妈时，生理期前一个星期左右，我就乳房肿胀、刺痛。见身边的姐妹也有此感受，我便未做处理。而从怀大宝至今五年了，在生理期前后，我再未出现过乳房不适。也许之前我的乳房出现了问题，而在哺乳的过程中自愈了。母乳喂养，是预防乳腺疾病最好的方式。

乳腺癌，是全球女性发病率及死亡率最高的恶性肿瘤，从形体到心理，损伤着女性的健康、美丽与自信。

世界癌症研究基金会发表报告显示，全球 3/4 的人都不知道，产后 6 个月及以上母乳喂养能有效降低母亲罹患乳腺癌的风险。

> 母乳喂养，使每年
> 患乳腺癌死亡人数减少
>
> # 20000 人
>
> 进一步提高母乳喂养率，可再减少 20000 例
> **母乳喂养可降低乳腺癌与卵巢癌的发病风险**

资料来源：《婴幼儿喂养与营养指南》，《中国妇幼健康研究》（2019 年第 4 期）

图 1-2-2 母乳喂养可降低乳腺癌与卵巢癌的发病风险

3. 母乳安全、经济、方便，妈妈更放心

从三鹿奶粉事件，到 2020 年 5 月份曝光的湖南"大头娃娃"，每一次"问题奶粉"的曝光，都刺激着家长的神经。我们无法参与配方奶生产的过程，却可以通过安排饮食，掌控"生产"母乳的全流程。母乳，才是最营养、安全的婴儿食物。

母乳喂养带给新妈妈四大便利

- 乳母在夜间不需要起床冲奶粉，躺在床上就可以喂宝宝，可拥有好睡眠。
- 母乳直接从乳房流入宝宝口中，温度适宜，没有二次污染。
- 妈妈外出时，不需要带奶瓶、奶粉、热水瓶等。
- 母乳喂养更经济，可减轻育儿压力。

4. 母乳喂养，降低宝宝患病率

母乳中的免疫因子及正在研究中的活性成分，是婴儿奶粉难以模拟的。母乳可以降低宝宝的肥胖率，让宝宝罹患肺炎、中耳炎、过敏的风险更低。

5. 母乳喂养，打造更亲密的亲子关系

我家大宝断奶以后，我偷偷哭过。我知道，他躲在我怀里吃奶的亲密时光，一去不复返了。他抓住我的衣角，咕咚咕咚吃奶时，常常冲着我微笑，那一刻，我感觉自己拥抱了全世界所有的美好。母乳喂养，给宝宝最踏实的安全感，也让妈妈感受到最强烈的依恋，可降低产后抑郁风险。母乳喂养，也是良好亲子关系的起点！

母乳喂养的其他好处

- 降低婴儿肥胖及成年罹患高血压、糖尿病的风险。

- 减少乳母产后罹患高血压、糖尿病风险。
- 母乳喂养是改善乳母体质的窗口期，能减少乳母产后肥胖的风险。

二、分泌 300 mL 乳汁所消耗的能量，等于慢跑 30 分钟

在我家二宝 10 个多月时，我带着他回娘家。我的奶奶看到我后心疼地说："你怎么这么瘦？都被孩子'吸干'了？别喂奶了！"她再上下打量我一番后嘟囔着说："只有两个胸了。"听她这样一说，我开心极了，这不就是"瘦得只剩下胸"了吗？

母乳中的脂肪、糖类和蛋白质，都来自乳母。分泌每一滴乳汁，都像运动一样消耗妈妈的能量，自然减重。每分泌 300 mL 乳汁，相当于跳绳 20 分钟、慢跑 30 分钟、练瑜伽 60 分钟！如果躺着也能减肥，那一定不是什么高科技，而是通过哺乳实现的！

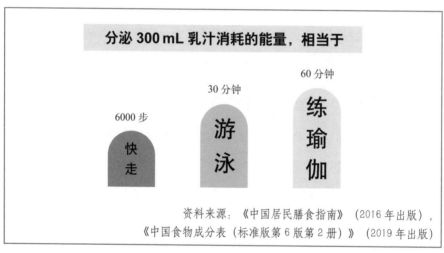

资料来源：《中国居民膳食指南》（2016 年出版），
《中国食物成分表（标准版第 6 版第 2 册）》（2019 年出版）

图 1-2-3　分泌 300 mL 乳汁所消耗的能量与运动消耗的对比

以平均每天分泌 800 mL 乳汁计算，全天泌乳消耗的能量，相当于慢跑 1.5 小时、跳绳 1 小时。因此，哺乳期就是"躺瘦"黄金期！既然如此，为什么有

的乳母在哺乳期越来越胖呢？因为她们补错了方向与量。

三、根据母乳成分精准进补，只增奶量不增肥

如果"胎肥人不肥"是孕期进补的理想状态，"增奶不增肥"就是产后进补的基本要求。我们还可以通过哺乳消耗，实现"体脂减少，奶量增加"的理想状态。

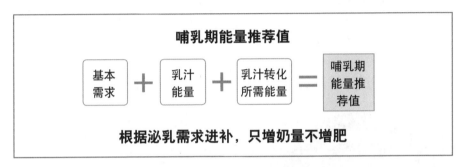

图 1-2-4　哺乳期能量推荐值

在哺乳期，一人吃两人用。乳母营养素的需求量约等于乳母所需与泌乳消耗之和。若哺乳期进补量远远超过分泌乳汁的消耗量，乳母便会肥胖。

表 1-2-1　800 mL 成熟乳核心营养素含量表

800 mL 成熟乳核心营养素含量表							
营养素	水分	蛋白质	糖类	脂肪	钙	锌	VA	VC
含量	701.6 mL	9.6 g	52 g	35.2 g	248 mg	1.92 mg	240 ug	—

资料来源：《中国食物成分表（标准版第 6 版第 2 册）》（2019 年出版）

800 mL 成熟乳将带走乳母 701.6 mL 水、9.6 g 蛋白质、35.2 g 脂肪、248 mg 钙等营养物质。我以此为依据，教你在哺乳期增奶不增肥。

1. 瘦哺进补法则一：增瘦肉，不增加肥肉，增强体质不增肥

图 1-2-5 瘦肉

增加瘦肉，保证蛋白质供应

为保证乳汁中蛋白质含量，乳母应增加瘦畜禽肉、鱼虾等高蛋白肉类。

每天总摄入：150~200 g 肉类。

不增加肥肉，预防乳母长胖

肥肉中脂肪高达 90%，缺少铁、锌、蛋白质等营养素，是一种浓缩的高能量食材。它们常成块附着于动物皮下及肌肉组织间，对它们敬而远之，才是良法。

2. 瘦哺进补法则二：加水不加油，一边哺乳一边瘦

图 1-2-6 枸杞水

增加水分，是最重要的催奶法宝

"巧母难为无水之乳"，每分泌 800 mL 乳汁，需要摄入 700 mL 水。若当日饮水不足，将直接影响泌乳量。

因此，产后每天需摄入约 2100 mL~2300 mL 水。

不增加油，增加无油之水

哺乳期需要增加的瘦肉及奶类中，约含有 30 g 脂肪。因此，哺乳期不需要额外增加肥肉、烹饪油及油汤。无油或少油的豆浆、粥、蔬菜粥及白开水，都是产后补水的捷径。

3. 瘦哺进补法则三：加菜不加饭，吃出饱腹感

图 1-2-7 蔬菜

增加水果蔬菜，告别隐形饥饿

果蔬富含水分、体积大，常食用它们，可减少高能量食物输入量。哺乳期需增加的维生素、矿物质等营养素，也需要它们来提供。

主食与成人推荐量一致即可

产后增加的能量主要来自奶、瘦肉、果蔬等食材。主食摄入量和平日维持一致即可，不需要刻意增加。

4. 瘦哺进补法则四：增加大豆类与牛奶，骨骼与肌肉不受伤

图 1-2-8　大豆制品

增加大豆类，低脂高蛋白

豆腐等大豆制品有素肉之称。低脂肪、无胆固醇，蛋白质含量与瘦肉不相上下；钙含量普遍高于肉类。

豆制品就像低脂高钙蛋白粉，乳母可适当增加摄入量。

图 1-2-9　奶类

哺乳期多喝奶，钙才有保障

婴儿骨骼发育所需钙质皆来自乳母，若乳母钙摄入不足，将会消耗乳母骨骼和牙齿中储存的钙质，出现骨质疏松、牙齿松动等现象。

哺乳期每天应饮用 300~500 mL 奶。

哺乳期增加大豆制品、奶类、水分、果蔬和瘦肉，不增加肥肉、食用油与主食，遵循着"五加三不加"原则，你就可以边哺乳边瘦身。

四、掌握这两个方法，避免乳房干、瘪、垂

工作中，遇到多位主动放弃母乳喂养的宝妈。当问及原因时，部分女性最担心的问题是乳房下垂。所以，我们一起来探索一下，乳母如何避免乳房干、瘪、垂？

1. 是什么让乳房坚挺而饱满

无骨的乳房松软如豆腐，却能以垂直于地面的形态屹立于胸前，这是为什么呢？原来，是钢丝网一样的纤维结缔组织支撑着它。纤维结缔组织由弹性蛋白和胶原蛋白构

图 1-2-10　哺乳期乳房结构

成，脂肪组织填充其中，构成了美丽的乳房。它的大小和丰满程度，受遗传及营养状况影响。

2. 为什么乳房会下垂与松垮

（1）地球引力的作用

女性在35岁以后，因地球引力的作用，肌肉愈发向地面靠拢，苹果肌下垂、法令纹加深就是直观表现。而胸部体积比苹果肌大多了，面对地球引力时，下垂程度更明显。所以，无论是否哺乳，乳房都会随年龄增加而下垂。

（2）孕期乳房体积增大，此后因回弹而松垮

孕期，乳房在雌激素的作用下增大。若产后不喂奶，增大的乳房快速回弹，就像小孩穿上大人的衣服，难免会显得松垮。

（3）过度节食，能量及蛋白质不足

乳房纤维结缔组织像钢丝网一样撑起乳房的结构，填充其间的脂肪，决定乳房大小及丰满度。若因节食或能量不足而造成脂肪流失，乳房将变小；若优质蛋白质及能量不足，乳房因结构蛋白流失无法"挂"住脂肪，将造成脂肪下移而下垂。

营养不良，不仅仅会偷走乳母的免疫力，也会带走乳房饱满、健美的形态。所以，哺乳期减肥应在营养均衡的前提下进行。

（4）未恰当穿戴内衣及不当哺乳姿势

乳母恰当穿戴哺乳内衣，可以对抗一定的地球引力。反之，将加剧乳房下垂与外扩。与此同时，应避免宝宝过度牵拉乳房。哺乳结束后，不要让宝宝继续含着乳头。

3. 避免乳房干、瘪、垂的两大方法

了解乳房缩小及下垂的原因后，我们可以从两个方面进行预防和护理。

（1）均衡营养，守护乳房不动产

当你每天能量充足，就能避免因蛋白质及脂肪流失，而出现乳房缩小及下垂。按照食物生重计算，乳母每天应摄入约 50 g 蛋类、300~500 mL 奶类、150~200 g 鱼禽肉类、25 g 大豆制品，方可满足每天蛋白质需要量，减缓乳房缩水。

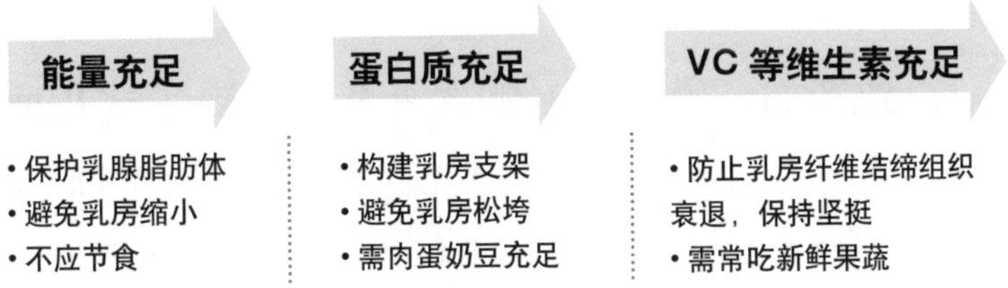

能量充足	蛋白质充足	VC 等维生素充足
·保护乳腺脂肪体 ·避免乳房缩小 ·不应节食	·构建乳房支架 ·避免乳房松垮 ·需肉蛋奶豆充足	·防止乳房纤维结缔组织衰退，保持坚挺 ·需常吃新鲜果蔬

图 1-2-11　预防产后乳房缩水的方法

（2）正确哺乳姿势＋恰当穿戴内衣，守护乳房好形态

乳母穿戴可前开扣的内衣，既方便哺乳，也利于维持乳房坚挺形态。如果哺乳时宝宝过度牵拉乳头，也会让你的乳房皮肤松弛。所以，喂奶时应采取正确的哺乳姿势，即宝宝身体面向妈妈并向妈妈靠拢，头和身体呈一条直线。宝宝的脸贴近乳房更利于下巴触及乳房，含着乳晕吮吸，也可在最大程度上减少对乳房的牵拉。

第三节 注意这四点，哺乳餐越吃越上瘾

一、致产妇：没有绝对的饮食禁忌，除了这几种

有位妈妈问我：吃什么食物回奶？哪些食物相克？希望我能列一份清单给她。她每顿饭都战战兢兢，生怕自己吃错了什么而伤害宝宝。你也有这样的烦恼吗？其实，大可不必！目前没有真正的回奶食物，如果有的话，早就以功效成分的形式出现在回奶药中了。而哺乳期真正的饮食禁忌，是以下几种。

1. 一定要禁烟酒

乳母抽烟、喝酒，相当于给婴儿输送二手烟酒。其有害物质可通过乳汁进入宝宝体内，它们同样需要肝肾解毒、排毒，这对发育期的婴儿来说，既是负担也是风险！

2. 尽量避免浓茶和咖啡

疲劳时，喝一杯浓茶或咖啡，可使我们精神抖擞。但其中含有可兴奋神经的咖啡因也会融入乳汁。当宝宝喝了含有咖啡因的乳汁后，将因兴奋而不愿睡觉或哭闹，那就是你的烦恼了。

3. 灵活回避双亲过敏及不耐受的食物

若你平时食用某一食物后，会出现腹泻、呕吐、皮疹等不良反应，哺乳期应继续规避。即使是宝爸过敏或不耐受的食物，也不能出现在乳母的餐单上。父母的过敏原，就是宝宝过敏的高风险因素，因为过敏有遗传性。若规避的食物种类过多，为避免营养不良，应咨询医生及营养师，寻找恰当的替代食物。

4. 密切关注引起宝宝过敏及食物不耐受的相关食品

即使无家族过敏史，若发现乳母食用某食物后宝宝有不良反应，这意味着宝宝对该食物过敏或不耐受，这类食物也应列在回避清单中。如宝妈食用西蓝花，宝宝皮肤出现红疙瘩等症状。这方面的表现因人而异，需要密切观察宝宝，以灵活应对。

5. 应规避不新鲜食物及不卫生食材

过去没有冰箱，为延长食物储存期，人们通过熏腊、腌泡、发酵、霉干等方式加工食材，使其散发出更浓厚的味道，成为各地特色美食。

然而，长时间存放后，食物易滋生有害物。例如，夺去全家九口人性命的"酸汤子"事件，就是因为食用了由发酵玉米面制作，且已在冰箱储存一年的被椰毒假单胞菌污染的食物而引起中毒的。家庭自制发酵食品，还易滋生肉毒梭菌，它在高温下仍可生存几十分钟至数小时，加热后不易被破坏。

而食物霉变后制作的特色食品，如发霉的千张、豆瓣酱等，易黄曲霉超标；腌菜、酱菜、泡菜等，易滋生金色葡萄球菌，食用后会引起腹泻；腊鱼、腊肉、熏鱼等加工肉类食物含亚硝酸盐及苯并芘，它们可通过乳汁被宝宝食用。加工肉类已经被世界卫生组织认定为，长期食用会增加患癌风险。所以，无论为了宝宝还是自己，都应该选用新鲜食材。

即便是新鲜食材，若腐败、变味了，都应该舍弃。食品安全大过天，哺乳期更应该重视。

6.应规避辛、辣、咸、冷等刺激性食材

有位妈妈春节回老家后，孩子夜夜哭泣，即便喂奶也无法缓解。起初，她以为这是孩子不适应新环境的表现。而一个星期后，不但宝宝的情况没有好转，她的乳房充盈感也越来越弱了。回顾了回家后的饮食，她才恍然大悟。因老家过年时家里挂满腊肉，她回家后便天天吃腊肉，宝宝变得越来越不愿意吃母乳，母乳量也随之下降。宝宝夜夜哭泣，原来是饿得睡不着呀。

她尝试不吃腊肉，让爱人上街买了新鲜的鱼和肉，调整饮食后，宝宝不仅奇迹般地变得爱吃奶了，母乳量也回升了。

其实，乳汁味道随乳母饮食而动态变化。宝宝习惯了清淡的乳汁，当宝妈频繁食用腊鱼、腊肉后，逐渐变咸的乳汁遭到宝宝的抵制。而辛辣、生冷及刺激性食材，也会加速宝宝肠胃蠕动，引起宝宝腹泻。所以，哺乳期应规避辛辣、生冷、刺激性食材。

哺乳期饮食，应规避以下食材：

①辛辣食材：辣味明显的干辣椒、胡椒等。

②过咸食材：避免孩子容易口渴及排斥母乳。

③过冷食材：避免立即食用直接从冰箱中拿出来的食物。

二、致家人：宜愉悦用餐，产妇喜欢的才是最好的

小王分娩后，妈妈和婆婆变着花样做月子餐。面对油腻的食材和超出平时一倍的分量，她实在吃不完！宝爸心疼老婆，又不想让二老伤心，就偷偷帮老婆吃月子餐。宝宝满月后，宝爸整整胖了 15 kg！

这是一个幸福的宝妈，因体贴的老公，让月子期变得温馨而特别。无论饮食多营养，如果违背乳母的意愿，都会变成爱的绑架。因此，这一部分内容是写给乳母家属看的。

1. 轻松愉悦的心情，更利于产后泌乳

宝宝出生后的最初几个月，当听到宝宝的哭声、看到宝宝的笑容时，宝妈就常常乳房一紧，乳汁溢出而打湿内衣。当宝妈接收到正面刺激时，如宝宝的音容笑貌，自己轻松、愉悦的心情，都可提高催产素水平，分泌更多乳汁。

当焦虑、紧张、疼痛等负面情绪增加时，催产素水平下降，会降低奶量甚至引起回乳。有宝妈反馈，一吵架奶量就下降。泌乳，是激素调剂下的情绪化产物，要想宝宝口粮足，得先让乳母身心舒服。

2. 产后抑郁，增加子代成年后患精神疾病的风险

研究发现，若乳母产后患抑郁症，子代成年后罹患精神疾病的概率，是一般孩子的 3 倍。其实，产后 3~10 天，产妇易出现抑郁、焦虑、不安等情绪，这是出于对新身体、新身份、新环境的不适应与焦虑。

在家人的陪伴、帮助与照顾下，她们可度过早期不适应，感受初为人母的幸福。然而，如果她们面临的是不可口的饭菜、压抑的环境、亲人的指责与身体疼痛，不良情绪将延续，甚至发展为产后抑郁。

产褥期，并不是大病初愈，它是正常人的特殊生理阶段，我们应该根据《中国居民膳食指南》建议，提供家常便饭，而非治疗性的药膳及强迫性进食！

3. 月子期饮食沟通三原则，家和万事兴

关于哺乳期应该怎么吃，最受家人关注，也极易引起家庭矛盾。怎么避免家庭成战场呢？遵循"共学习、早沟通和宝妈做主"这三个基本原则，让爱变得更科学。

①共学习：一起学习产后饮食的正确方法。

②早沟通：宝宝出生前，家庭成员就月子期饮食安排交流意见。在充分沟

通的过程中达成一致，避免产后因饮食而产生摩擦。

③当发生分歧时，宝妈做主：当出现意见分歧时，以宝妈的意见为主。在尊重宝妈口味、爱好的前提下，安排瘦哺餐。

三、与饥饿和解，五个原则让你"饱瘦终生"

当食物能打持久战，方可战胜饥饿感，想瘦多久瘦多久！

1. 哄骗饥饿感：小餐具、多品种

你有这样的困惑吗？每餐就吃一碗面条或一个馒头，体重还是超标；明明告诉自己只吃两口，结果一吃就停不下来。接下来，我将介绍 3 个方法来应对这些问题。

（1）将大盘子、大碗换成小盘子、小碗：避免将过多的食物装进餐盘

图 1-3-1　大小两碗米饭对比

生活里，我们常常陷入一大碗能吃完、一小碗也能吃饱的状况。如图 1-3-1，悄悄更换大号的碗或餐盘，就能不知不觉减少能量摄入。

（2）把大号食物换成小号食物：满足心理需要

把大号食物换成小号食物，如图 1-3-2 和图 1-3-3 所示，将大西红柿换成小西红柿，可以多吃几个。若两餐之间忍不住想吃东西，可备一些小分量食材，

满足进食的心理需要。

图1-3-2　大西红柿

图1-3-3　小西红柿

（3）将大而全，改为小分量、多品种：让大脑以为吃了很多

图1-3-4　小餐具套餐

图1-3-5　大餐具营养餐

上面两张图片中，你感觉哪一张的食材分量更足呢？其实两张图中的分量是一样的，只是分盘装而已。

2.稳住饥饿感：少食多餐

减肥时最大的痛苦，是饭点还没到，饥饿感先来了。终于等到饭点了，你便以风卷残云之势，狼吞虎咽。由于吃得太快，饭吃完了肚子还在闹"空城计"。于是，你继续吃，不知不觉就吃了远远超过所需的量。

肚子越饿的时候进食，身材越容易发胖，因为被压抑的饥饿感，需要加倍的食材来驱赶。而乳母的饥饿感比常人更强烈。既然如此，我们不如向饥饿感妥协。正餐只吃八分饱，将一部分食材放在两餐之间。只增加餐次，但不增加能量，这样能稳住饥饿感，又为两餐之间哺乳提供能量，何乐而不为呢？

3. 延迟饥饿感：荤素搭配＋杂粮，延迟胃排空

早餐吃一碗大米粥与吃绿豆粥相比，哪一碗粥更耐饿呢？显然，吃绿豆粥饿得慢。因为，肠胃需要花较长时间磨碎绿豆的外皮，它在肠胃中停留更久，饥饿感被延迟，饱腹感更强。

食物大战饥饿感，贵不在多，"持久"则灵。

让食物更"持久"的四个方法

• 主食含 1/3 的杂粮，延长食物消化的时间，就能延迟饥饿感。

• 吃完整的水果，而不是果汁，让食物在胃中停留更长时间。

• 不要完全用杂粮糊代替粥，因为细腻的糊糊容易消化，饿得快。

• 肉蛋奶等食物与素食搭配，饱腹感更强，三餐都应该有荤有素。

---

4. 排挤饥饿感：给三餐"注点水"，加重量不加能量

一勺奶粉与 150 mL 液体奶相比，哪个饱腹感更强呢？显然你会选择后者。奶粉加水以后，能量并未增加，食材分量与饮食满足感却提升了。给三餐"注点水"，餐餐含流食，是乳母减重增乳的不二法门。

流食品种推荐

牛奶、豆浆、粥、汤面、鸡蛋汤、豆腐汤、蔬菜汤、自制饮品等。

---

5. 告别饥饿感：调整进餐顺序，主食分量自然减

我们参加大型宴会时，服务员会先端来菜品与酒水，宴会接近尾声再上主食。这时，我们就吃不下太多主食了。这种先享用菜肴、后食用主食的进餐顺序，我把它称为"宴会式进餐法"。若你把每次家庭餐都当作一场宴会，也能不知不觉减少主食分量。

四、与美味拥抱，四个调整让哺乳期减肥餐又香又甜

1. 不额外加糖也能制作甜品，还能越吃越瘦

水果、薯类及南瓜等食材，能量低，且含有天然甜味。邀请它们进餐盘，可增加生活甜蜜感。

若你将蔗糖加入馒头、米饭、牛奶、糕点等食物中，食物的体积虽然无明显变化，但能量却大大增加了。

若将蔗糖换成水果、薯类、南瓜等食

图 1-3-6　南瓜饭套餐

材，完整的食材会增加食物体积，也增加了维生素与矿物质摄入量。

2. 保证主菜用油：减肥期也不吃水煮菜

控制脂肪，就代表吃水煮菜、不吃任何肥腻食物吗？当然不是！当食用高脂肪食物时，与低脂食物搭配，保证全天摄入能量不超标即可。我称之为"香喷喷控油法"，即集中主要脂肪保证主菜口感，减少其他菜肴用油量。

- 将有限的植物油，用到烹饪菜肴上。主食尽量不加油，少吃炒饭、炒粉等。
- 选用含脂率较高的肉类，将牛奶换成脱脂牛奶，搭配低脂的虾肉、鸡胸肉等，拉低肉中总脂肪量。
- 若烹饪主菜用油量大，减少小菜食用油，保证全天烹饪油不超标。例如，油淋茄子时可与清蒸鱼搭配；煎炸食物可搭配蒸菜、拌菜等。

只要总油量不超标，你可以当个"偏心"的营养管家。偶尔对部分食材偏偏心，给自己加加餐。把握美味与健康的标准，健康就始终掌握在你的手中。

3. 尝试新食材，每天都有新体验

若你和爱人都没有过敏史，你可广泛选用常见的新鲜食材，来丰富你的餐桌，而变换餐桌上的饮食就是最有趣的体验。

若你吃腻了普通面条，可以更换为米粉、土豆粉、意大利面、乌冬面等类似食材增加新意；当你习惯于每天一个水煮蛋，试试荷包蛋、西红柿炒蛋、蒸蛋、蛋花汤、鸡蛋饼等不同做法，将会有更好的味觉体验。哺乳期，也因美食而轻松惬意。

4. 食材也混搭，吃出丰富层次感

能改变心情的，不仅仅是服饰，还有食材。当你广泛采购各类食材，它们就能碰撞出不同的火花。而不同食材和口味的混搭，将激发更有层次感的味道。

幸福混搭组合

- 奶果混搭：果蔬奶昔、果蔬酸奶、坚果牛奶、蛋奶布丁等。

- 蛋类混搭：蔬菜炒蛋、蔬菜蛋饼、蛋奶布丁、蛋糕。

- 大米混搭：肉菜焖饭、炒饭、杂粮饭、果蔬粥、杂粮糊等。

- 面食混搭：饺子、煎饼、包子、各色面条。

- 蔬菜混搭：果蔬搭、肉蛋搭、果蔬沙拉等。

也许你同我一样，是被两个宝宝环绕的二宝妈，寻觅美食的时间越来越少。那么在后续的章节中，我会展示多种简单的混搭方法。通过这些小技巧，我们也能在自家餐厅，跟着味蕾环游世界。

第二章

防控月子病

 **第一节** 脸色蜡黄、疲乏畏寒，送你比阿胶好十倍的补血方

一、怀孕时就贫血，坐月子时怎么补上来

2019 年 6 月份，月嫂蒋琼如约到医院照顾产妇小茹，恰逢医生训斥小茹的妈妈："早就不流行捂月子了，大夏天的，你们让她盖这么厚的被子会中暑的！"原来，产后第二天的小茹，穿着厚秋衣、裹着厚被子躺在床上。

其实，这并不是小茹妈妈的安排，是小茹自己觉得冷要求盖厚点。医生担心她因感染发烧而畏寒，又为她做了系统检查，确定无此风险才准予出院，并再三叮嘱要加强营养。

回家后，小茹依然怕冷、脸色蜡黄，下床走几步都觉得累。蒋琼了解到，小茹在孕期就患有缺铁性贫血，既没有按时吃补铁剂，也很少吃铁含量高的肉食；在生产和排恶露过程中，她又失去大量血液，贫血的症状更加明显了。

因此，蒋琼在搭配月子餐时，就刻意选择补血的食材，如瘦牛肉、瘦猪肉、少量猪肝等。经过一个多月的调理，在产后 42 天复查时，她步行到医院都不觉得累。同事见到她时，惊讶于她的气色比怀孕前还要好。经检查，她也不贫血了。

二、贫血表现有哪些，为什么需要补铁

小茹最初的表现，类似于常说的气血双虚。其实，这是贫血的典型表现，而且 90% 的贫血是缺铁性贫血。

贫血不仅会口唇发白、脸色蜡黄，也会导致体乏、头昏、畏寒、记忆力下降等。若你常出现如图 2-1-1 中的症状，便存在缺铁及贫血的风险。

缺铁性贫血的表现

脸色苍白　　口唇、眼睑发白

口角炎、平滑舌　　　头晕眼花

头发枯黄　　指甲薄脆、反甲

资料来源：《中国营养科学全书》（2019 年出版）

图 2-1-1　缺铁性贫血的表现

我们常用"面若桃花"形容面容姣好的女性，皮肤白里透红。而贫血的女性，常因血液中红色物质减少，而眼睑、口唇、指甲苍白，脸色蜡黄、无精打采。

血液中的红色物质叫血红蛋白，它是红细胞的主要成分，像小船一样，将肺部吸进来的氧气输送到全身各处。当血红蛋白浓度下降时，会造成血氧输送不畅，让器官因缺氧而功能下降。例如，四肢酸软无力、大脑记忆力下降、精神倦怠及免疫力下降等。

血红蛋白是一种含铁的蛋白质，当铁来源不足时，将影响血红蛋白合成，缩短红细胞寿命，从而发展为缺铁性贫血，因此补血关键在于补铁。找到易吸收的高铁食材，贫血带来的问题便迎刃而解。

三、选择补铁食材，外行看含量，内行看利用率

调查显示，30% 的女性产后贫血，一部分症状会持续终生。关于如何补血，

坊间流传最广的是五红汤，即用红枣、红糖、红豆、枸杞、红衣花生熬成汤。但食用红色的食物真的能够补血吗？倘若真的如此，天天吃蔬菜的人，血液是否应该变成绿色呢？显然不是。那么，五红汤是高铁食材吗？

表2-1-1　常见食物铁含量表

100 g 常见食物可食部铁含量（mg/100g）					
食物	含量	食物	含量	食物	含量
猪肉（瘦）	3.0	猪血	8.7	牛肉（肋条）	2.7
羊肉	3.9	扇贝（鲜）	7.2	猪肝	23.2
紫菜（干）	54.9	木耳（水发）	5.5	赤小豆（干）	7.4
枣（干）	2.3	鲍鱼（杂色鲍）	22.6	菠菜	2.9

资料来源：《中国食物成分表（标准版第6版第1册）》（2018年出版）

关于补铁食材，外行看含量，内行看利用率。肉食中的血红素铁可直接参与血红蛋白合成，吸收率高达20%~30%，是其他食材铁吸收率的10倍左右！而蛋奶及植物食品中，铁不能直接利用，吸收率仅有1%~3%。由此可见，红枣等食材含铁甚微，吸收利用率低，并非补铁的优良食材。

四、可荤可素的补气血食谱，女人终生受用

植物中的铁与其他物质结合，分离后方可与血红素结合，参与血红蛋白的合成，但其吸收利用率较低。就像从旧房子里拆砖头盖新房一样，砖块与旧房分离过程中易损耗。

然而，木耳、紫菜等食材中的铁被白白浪费，实属可惜。烹饪这类食物时，只需增加一类营养素，其吸收利用率便可提高4倍。这便是有维生素之王美誉的VC，在猕猴桃、草莓、冬枣、柑橘、橙子、青椒、包菜等食材中含量较高。

素食补铁（血）食谱公式

高铁素食 ＋ 高VC食材 ＋ 优质蛋白质食材 ＝ 素食补铁食谱

图 2-1-2　素食补铁公式

1. 素食补血组合：紫菜豆腐西红柿汤

食材：

100 g 南豆腐、15 g 虾皮、50 g 西红柿、紫菜适量。

关键步骤：

①将豆腐和西红柿切成块状，紫菜洗净后用冷水泡开。

②炒锅放西红柿炒出汤汁，加热水煮沸后，倒入豆腐、紫菜、虾皮、少许盐煮开。

③加一勺蚝油、一勺芝麻油即可。

营养解析：

•西红柿所含的 VC，可提高紫菜中铁的利用率。

•豆腐和紫菜都是高钙食材。这款高铁、高钙、高蛋白、低能量的优良组合，可补血、补钙、促进乳汁分泌，值得乳母经常食用。

图 2-1-3　紫菜豆腐西红柿汤

动物血液、肝脏和肌肉中的血红素铁，人体吸收利用率高，是主要的补血食材。需要注意的是，它们在肥肉、动物皮质及蛋奶中含量甚微。

选择高铁肉食应注意三个关键点：

•选择瘦肉而不是肥肉：肉类铁含量与瘦肉率成正比。

- 恰当食补不过量：哺乳期每天摄入150~200 g瘦肉即可，指猪牛羊、鸡鸭鹅和鱼虾蟹贝等肉食的总和。
- 轻加工、重新鲜：选择小鲜肉，不要老腊肉；蒸炒炖为主，少油炸、烧烤等。

2. 肉食补铁食谱：蔬菜猪肝饼

食材：

80 g猪肝、50 g胭脂萝卜、50 g芹菜叶、2个鸡蛋、50 g面粉。

关键步骤：

①将蔬菜切成碎末状，备用。

②把猪肝放沸水中煮3分钟、切成颗粒状。

③将蔬菜末、猪肝末放入面盆中，加50 g面粉、两个鸡蛋。

④加少许盐、芝麻油，按顺时针方向搅拌均匀。

⑤平底锅抹油，中火煎至饼液凝固，再翻面煎1分钟即可。

营养解析：

用萝卜和芹菜叶中和猪肝的铁腥味。猪肝富含铁、VB和VA，平均每周用量不要超过85 g，分2~3次食用，避免一次性食用过量VA而中毒。

图2-1-4 蔬菜猪肝饼

3. 荤素搭配的补铁食谱：彩椒黑木耳炒肉片

食材：

100 g猪瘦肉、50 g湿木耳、50 g彩椒、少许油盐、生姜。

关键步骤：

①将泡发的黑木耳清洗干净后撕成小片，再焯水备用；彩椒切片、生

姜切丝备用。

②猪肉切成片，加淀粉、姜丝、生抽腌制10分钟。

③锅中倒油烧热后，放肉片大火翻炒2分钟后盛出。

④锅洗干净并烧热后倒油，倒入黑木耳和彩椒炒至断生，加少许盐，再倒入炒好的肉片，翻炒均匀。

营养解析：

猪瘦肉富含铁且人体吸收率高，木耳是素食补铁之王，与彩椒联手后其利用率大幅度提高。这款荤素搭配的高蛋白补血食材，适合产后补血、减脂、恢复体力。

图 2-1-5　彩椒黑木耳炒肉片

第二节　生娃后患风湿、腰酸背痛、关节损伤？都不是该遭的罪

一、产后驱痛第一条，保暖预防产后风湿

一位年长的女士说，她的腰比天气预报还准，一变天就疼。到寒冬腊月，寒风似乎能透过厚厚的衣物，钻到骨缝里作祟，常常疼得她直不起腰。

原来，15 年前，她生宝宝时恰逢冬季，每次喂奶都要把衣服撩起来，日积月累就冻成了风湿病，这让她到处求医问药都不见好转。但是，风湿难除根，预防是关键。

1. 为什么产后更容易得风湿

（1）产后排褥汗，毛孔处于张开状态

孕妈妈为了将营养物质输送给宝宝，体内约增加 1L 水分用于造血。在宝宝出生后，这部分水分主要通过流汗的形式排出，临床上称之为排褥汗。女性产后前两周常常汗涔涔的，这不是体虚，而是正常的生理状态。

出汗时毛孔处于较舒张的状态，若吹风就更易生病。就像运动后大汗淋漓的人，若立即吹风就容易着凉感冒一样。

（2）产后哺乳，常需要裸露肌肤

乳母哺乳时需宽衣解带，以每天哺乳 8 次、每次 30 分钟计算，每天哺乳时间长达 4 小时。其间，乳母需掀开上衣、露出乳房。若气温较低，身体这样直面冷空气，易感风寒。

（3）夜间哺乳，肩膀易因置于被窝外而受寒

婴儿胃容量小，睡前吃奶难以支撑到天亮，需要吃夜奶。躺喂时，胸口及一侧的肩膀和手臂，就裸露在被褥外，部分妈妈喂夜奶后喷嚏连连。长此以往，为风湿留下隐患。

2．产后防寒三大法宝

针对以上3种原因，我们可以通过巧护理来应对。

（1）应对褥汗：及时擦洗，恰当护理

出汗后，应及时擦干汗水，并更换衣服；保持室内温度适宜，夏季可开空调，避免褥汗过量；保持适当通风以便室内空气流通，产妇应避开通风口。

（2）应对皮肤裸露：选择保护型哺乳衣，保护腰腹

哺乳内衣的胸部有隐藏的竖开口（如图 2-2-1 所示）和横开口（如图 2-2-2 所示），哺乳不需要裸露胸腹部。

图 2-2-1　竖开口哺乳衣

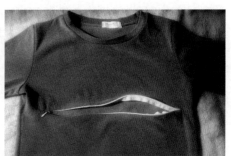

图 2-2-2　横开口哺乳衣

（3）应对夜间哺乳：夜间穿戴护肩，预防肩周炎

夜间穿戴轻薄护肩，即使在冬季夜间哺乳，也可保护乳母的肩膀与手臂不受寒。护肩轻便保暖，是预防产后肩周炎的好工具。

图 2-2-3　护肩

二、脚后跟疼、手腕酸胀，补 VD 预防间接缺钙

小丽听好姐妹说，坐月子容易腰酸、手脚痛。为了预防这些问题，她在月子里长期卧床，少抱娃，不沾凉水。尽管如此，脚每次踩踏到地板上，都像针刺一样疼；抱宝宝时，手腕也酸胀无力。

月子里既无劳累，也未受凉，何以至此呢？其实，根源在于传统坐月子的方式。一个月不出门，便无法通过晒太阳合成 VD，钙吸收利用率降低而身体疼痛。我让她和宝宝一起补充 VD 后，症状逐步减轻并消失了。为什么 VD 具有这么神奇的功效？我们一起来探寻。

1. 产后易得骨软化症的原因：低吸收 + 高流失

（1）缺少 VD 的表现

太阳照射皮肤后，可将皮下部分胆固醇转化为 VD，它又被称为阳光维生素。VD 可以促进钙沉积到骨骼中，婴儿囟门逐渐闭合的过程，就是骨骼钙化的直观体现。因此，新生儿出生 14 天后就要开始补充 VD。

成人骨软化症类似于囟门闭合的逆过程，因 VD 不足影响钙沉积到骨骼中，骨矿物质减少，对肌肉的支撑能力下降后，便会出现骨骼压痛感、肌无力等症状。就像力量小的人举重物时，容易肌肉酸痛一样。

图 2-2-4　成人骨软化症的表现

产褥期女性是骨软化症的高发人群，一方面，女性在产后久居室内，隔离了通过晒太阳自行合成 VD 的通道，而造成间接缺钙；另一方面，每天 800 mL 乳汁约带走乳母体内 240 mg 钙，钙流失量增加。

当钙支出增加遇上钙沉积减少，骨软化症便悄然来袭了。初期常常表现为肌肉酸胀，继而发现为骨骼压痛感。如走路时身体对足骨的压痛感，抱孩子时对手腕的压痛感，久坐及弯腰时对腰肌的压痛感等。

由缺钙及 VD 引起的骨软化症、骨质疏松等症状若未及时修正可绵延数年，"月子病"治不好的传闻便出现了。直到缺乏的营养素逐渐达标，症状才会逐渐减轻。

（2）补充 VD 的方法

食物中的 VD 甚微，补充 VD 的方法有补充剂法和晒太阳法。

补充剂法	晒太阳法
每天补充 400 IU 的 VD。	阳光和煦的早晨和傍晚，每天裸露手臂与面部接触日光达 30 分钟即可满足需要量。

三、生娃两年后还腰酸背痛，补钙后药到病除

学员王天梅曾经有个烦恼，二宝已经三岁半了，她在月子里落下的腰疼还没好，弯腰洗衣服后常常痛得直不起腰，到医院也没检查出结果。她以为这就是传说中治不好的"月子病"，便听之任之了。

在营养教练班系统学习以后，她发现这与自己孕哺期较少摄入牛奶、豆制品和绿叶菜等高钙食品有关。于是，她便为自己制定了营养调理方案。

她不喜欢喝牛奶就用钙片代替，增加豆腐摄入量，每天都吃绿叶菜。一个月以后症状便减轻，大约 3 个月后症状就消失了。大部分治不好的"月子病"，是营养素缺乏的存续状态，相关营养素充足后，症状便自然减轻或消失。

1. 出现以下症状，说明你可能已经缺钙

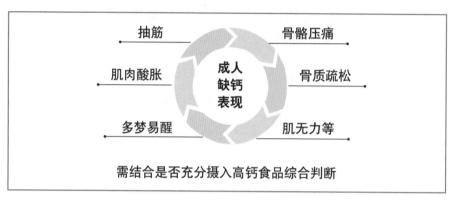

成人缺钙表现

抽筋　　　　　　　　骨骼压痛

肌肉酸胀　　　　　　骨质疏松

多梦易醒　　　　　　肌无力等

需结合是否充分摄入高钙食品综合判断

图 2-2-5　成人缺钙表现

小腿抽筋；白天没有久站或走路，晚上睡觉时双腿也像爬了山一样酸胀；没有脊椎疾病，但是坐久了就腰疼：若常常出现此类情况，便预示着你可能缺钙了。

- 因很少晒太阳，未补充 VD 而引起的间接缺钙。
- 因较少摄入牛奶、豆制品或绿叶菜等高钙食品而引起直接缺钙。也可由两种原因共同引起。孕哺期钙流失量增加时，这一症状便更加明显。

图 2-2-6　补钙"三宝"食物：牛羊奶、
　　　　　豆制品、绿叶菜

高钙食材应易于获取，便于天天食用。符合此条件的补钙"三宝"食物是牛羊奶、豆制品和绿叶菜，若平时较少摄入这三类食品，则缺钙风险较高。

表 2-2-1　常见食物钙含量表

100 g 常见食物钙含量（mg）及吸收率（%）					
食物	钙含量	吸收率	食物	钙含量	吸收率
奶	110	32.1	斑豆	51.8	26.7
奶酪	721	32.1	白豆	103	21.8
小白菜	90	53.8	甘蓝	70	49.3

资料来源：《营养与食品卫生学》（第 8 版）（2017 年出版）

2. 补钙食谱

（1）一杯奶，就是最佳补钙方案

食材：

200 mL 奶，50 g 水蜜桃。

关键步骤：

①将纯牛奶倒入碗中。

②将水蜜桃切成薄片放入碗中即可。

营养解析：

每 100 mL 牛奶中含有约 100 mg 钙，当牛奶与水果相遇，不仅仅增加饮食乐趣，也增加天然甜蜜度。

图 2-2-7　水蜜桃牛奶

（2）高钙胡辣汤豆腐脑

食材：

100 g 内酯豆腐、20 g 千张、20 g 海带。

关键步骤：

①将海带、千张洗净切成丝，在沸水中焯水备用。

②将内酯豆腐放到锅中蒸熟。

③另起锅加开水煮沸，加入海带、千张煮 5 分钟。

④用玉米淀粉勾薄芡，加少许盐、植物油、生抽。胡辣汤就做好了。

⑤将蒸好的豆腐倒入胡辣汤中即可。

营养解析：

• 内酯豆腐、千张和海带都是高钙食品。

• 这道营养餐高蛋白、多汤水、易吸收，也是极佳的素食精力餐。

图 2-2-8　高钙胡辣汤豆腐脑

（3）热拌红苋菜

食材：

100 g 红苋菜、10 g 白芝麻、少许生抽、芝麻油。

关键步骤：

①将红苋菜洗净后，放到沸水中焯烫 2 分钟，水中加少许油盐，苋菜色彩更鲜亮。

②盛出红苋菜装盘。

③将生抽、熟芝麻和芝麻油调料汁淋到苋菜上，装盘后就可以享用了。

图 2-2-9　热拌红苋菜

营养解析：

• 100 g 红苋菜的钙含量，相当于 200 mL 牛奶的钙含量，但红苋菜草酸含量高，焯烫后可去除草酸，提高钙的吸收率。

四、高钙高蛋白，自制强身健骨餐

若把骨骼比作伞柄，肌肉就是伞面，强劲的骨骼加上结实的肌肉，才能抵御岁月的风雨，全面预防与应对肌肉无力、酸痛及劳损。

成都某医院对产后 42 天以内的产妇做调查，发现 62% 的产妇出现下肢肌肉减少及肌肉力量下降的情况，从而引起肌肉酸痛、关节自主活动能力降低。此现象由两大原因造成，即产后活动不足和优质蛋白质匮乏。

1. 产后活动不足，肌肉萎缩严重

肌肉是人体瘦组织，既包括与骨骼相连的骨骼肌，也包括肠胃等平滑肌和内脏器官。它们是用进废退的组织，若长期不活动，会出现肌肉萎缩与体力下降的情况。因此，产妇避免弯腰、负重和久站的同时，应适当下床走动，这样更利于恢复体力。

2. 优质蛋白质不足，缺乏合成肌肉的原材料

蛋白质是肌肉干重的主要成分，且每天以 3% 的速度更新。为了合成母乳，哺乳期的蛋白质需求量更大。若乳母膳食中蛋白质不足，将消耗肌肉中的蛋白质，出现肌肉松弛、无力、易劳损的现象。

因此，预防关节、骨骼和肌肉酸痛，既要保暖，保证 VD 与钙的来源，更需要充足的优质蛋白质。

3. 高蛋白食物列表

肉类

蛋类

奶类

大豆

肉蛋奶等动物体内的蛋白质，其结构与人体的蛋白质相近，更利于身体组织修复及生长。以大豆为原料生产的各类食品，被称为"素肉"，因为它们富含蛋白质且人体利用率高，所以与肉蛋奶一起被称为四大优质蛋白质来源。

4. 高钙、高蛋白强身健骨食谱

（1）鱼块白玉菇豆腐汤

食材：

200 g 草鱼、50 g 白玉菇、50 g 南豆腐、一个蛋清、10 g 淀粉。

关键步骤：

①将鱼切块后，加盐、姜片、蒜片、蛋清和淀粉腌制 30 分钟。

②将白玉菇洗净，豆腐切块备用。

③锅热后放油，加姜片爆香后，放入鱼块煎至两面金黄。

④加开水没过鱼块，大火煮 15 分钟，放豆腐、白玉菇转中火煮 10 分钟，出锅前 5 分钟加盐调味。

营养解析：

• 高蛋白的草鱼和豆腐脂肪含量低，白玉菇富含膳食纤维，可促进胆固醇排泄，这款营养餐既适合一般产妇，也适合血糖、血脂偏高者，一边稳定指标一边进补。

图 2-2-10　鱼块白玉菇豆腐汤

（2）虾仁蒸蛋

食材：

1个鸡蛋、3个河虾。

关键步骤：

①河虾清洗干净后，去虾壳和虾线。

②碗中装100 mL 40 ℃的温开水，将鸡蛋打散，加少许盐并搅拌，用滤网去掉浮沫。

③把虾仁放入蛋液中。

④水烧沸后，将蛋液放锅中蒸8分钟。

⑤关火5分钟后取出，淋少许芝麻油，香喷喷的虾仁蒸蛋就做好了。

营养解析：

•虾和鸡蛋都是高蛋白食材，蒸制法低脂易消化，适合消化功能较弱人群及产褥期乳母食用。

•具有增肌、促进体力和精力恢复的效用。

图2-2-11　虾仁蒸蛋

第三节　与食物合作，便秘、腹泻、消化不良等问题一扫光

一、消化不良时盲目进补，越补越痛苦

熟悉晓丽的朋友，都知道她饭量小、不爱吃肉，因为她一吃肉类难消化的食物，就腹胀、腹痛。经检查，这是慢性胃炎引起的。

生宝宝后，家人劝她，为了孩子要坚持吃肉。产后第三天晚上，她喝了一碗浓鸡汤，吃一小碗红烧牛腩以后，肚子胀得像石头一样。大半夜疼得翻来覆去，直到第二天才好转。

从此以后，她更加畏惧饮食，再也不敢吃高营养食物了。而宝宝的胃口却越来越大，吃奶后不到一个小时就哭闹不止。这该怎么办呢？难道她只能放弃母乳喂养，或者忍痛进补吗？不，我们学习营养学的意义，就是让不同体质的人，都能以恰当的方式调理身体。

1. 找到消化不良及胃部疾患的原因，针对性安排营养餐

胃像碾磨食物的磨坊，在消化液的作用下通过高频蠕动，将食物加工为细小的食糜。由于它直接与食物接触，也易受到食物的伤害。

（1）幽门螺杆菌感染

幽门螺杆菌是一种生命力极强的细菌，强到可以和胃酸共存。由于它具有传染性，且中国人喜欢共餐，所以因感染幽门螺杆菌而患胃炎、消化道溃疡的人与日俱增。

若乳母常出现腹胀、食欲不良或者腹痛等现象，应到医院检查肠胃，若感

染幽门螺杆菌，遵医嘱治疗的同时，碗筷应与家人分开。

（2）常食用刺激性食物

在胃黏膜和黏液的保护下，胃体本身不会被胃酸消化。当外界攻击因素超过肠胃本身防御的力量时，胃体会受到伤害而引起不适或疾病。攻击性因素包括烟酒、食品添加剂等化学刺激，无论是否在哺乳期，你都应远离它们。也包括因为食用过冷、过烫、过大、过硬、过咸、过甜等食物而带来的物理刺激。胃病依靠"三分治，七分养"，养，就包括减少攻击性因素对肠胃的影响。

（3）进食紊乱无规律

"冬穿棉袄，夏着裙；春秋毛衣，备一身。"这是四季分明带给我们的穿衣指南。若天气忽冷忽热，我们将不知明天该穿什么，并增加患病率。吃饭也一样。当我们三餐有规律，食量相当，肠胃才能与我们形成默契。若我们暴饮暴食，肠胃也将因无法随时匹配恰当的消化液、消化动作而功能紊乱。

（4）疾病及药物因素

若身患其他疾病，或者不得不服用药物时，也会增加罹患消化道疾病的风险。当乳母肠胃不适时应就医检查，并结合以上几个因素，依据以下五条养胃宝典，搭配营养餐。

2. 五条养胃宝典，边调养边补充营养

（1）温柔而有规律地提供食物

听懂肠胃的话才能更好地使用它。当经常接触过冷、过热、过烫、过辣、过咸、过尖锐和体积过大的食物时，就像经常往购物袋丢此类物质一样，会影响袋子的使用寿命。因此，三餐规律，吃温润细软的食物，是养胃第一要义。

（2）细嚼慢咽、少食多餐

通过加餐不加量的方式，在两餐之间加餐，避免正餐过饱而增加肠胃负担，

也能减轻两餐之间因饥饿带来的伤害。这与瘦哺营养餐中少食多餐的搭配原则一致。

（3）少油腻的浓汤、少肥肉

牛羊脂中饱和脂肪酸含量高，熔点高，例如，羊脂的熔点为44℃～55℃，高于人类体温不易消化。因此，虚弱的肠胃常因不堪重负而疼痛或者腹泻。因此，消化不良及患慢性胃炎的乳母，更要减少肥肉和浓肉汤，少油、盐。

（4）食物温润细软，保证优质蛋白的供应量

肠胃越虚弱，越需要优质蛋白质以增强体质。我们可以通过"巧选择、细加工、软烹饪、分散吃"这4种方式，让高营养的食材不增加肠胃负担。

- 巧选择：选择肌纤维较细、较短的肉类，比如鱼虾、禽肉、里脊肉等，降低胃部研磨食物的难度。
- 细加工：将肉类加工为细小颗粒和碎末，如肉丸、饺子、蒸肉末等。
- 软烹饪：肉类以蒸、炖、炒等形式为主，直至烹煮软烂，蛋类以蒸蛋、蛋花汤为主，少油炸。
- 分散吃：少量多次食用，将肉蛋奶豆等高营养食材，分散于三餐，减轻肠胃消化负担。

（5）饮食细软易消化，选择嫩茎叶和根块类蔬菜

选择细软易消化的食材，杂粮以小米、玉米为主。选择嫩叶、嫩茎和根块类蔬菜，例如娃娃菜、生菜、萝卜、莴苣、冬瓜、西红柿、丝瓜等等。减少纤维较粗的韭菜、芹菜、苋菜等蔬菜。

营养调理，不是盲目忌口。通过这五大宝典，你可以一边养胃，一边养娃。让哺乳期成为改善体质的黄金时期。

3. 高蛋白养胃食谱

(1) 西红柿蛋汤（2人份）

食材:

100 g西红柿、1个鸡蛋、5 g玉米淀粉、5 g白砂糖。

关键步骤:

①鸡蛋打散到碗中，加淀粉、水调匀。

②西红柿在开水中烫一分钟，出现裂口后去皮，切块备用。

③热锅倒油，翻炒西红柿，加白糖炒至出汁时加水烧开，再边倒水淀粉边搅匀，接着淋入蛋液。最后加少许盐、葱花、芝麻油，就可以出锅了。

营养解析:

•酸甜开胃，促进消化液分泌，提升食欲。

•鸡蛋是人体利用率最高的蛋白质来源，可增强胃动力，提高消化能力。

图2-3-1　西红柿蛋汤

(2) 蔬菜肉丸汤

食材:

80 g胭脂萝卜、100 g猪里脊肉、2个鸡蛋、30 g大白菜、100 g馒头、20 g淀粉、20 g面粉、30 g生菜。

关键步骤:

①把猪里脊肉、萝卜、大白菜洗干净后剁碎制成肉馅。将馒头放在水里泡软后揭掉馒头皮，挤干水分后再揉碎，放到肉馅中搅拌均匀。

图2-3-2　蔬菜肉丸汤

②将鸡蛋、淀粉和面粉依次加入肉馅中，按顺时针方向搅拌成面糊。

③加入少许盐、鸡精、蚝油调味。

④起锅烧开水，用勺子挖肉泥滑入锅中，煮至漂起，再加生菜，少许盐、油即可。

营养解析：

做肉丸时，加馒头块，可使其更松软。这样的肉丸汤含主食、蔬菜和瘦肉，仅此一碗就可以成为全营养餐。

二、帮你找到便秘的元凶，早预防不受罪

1. 用药物才能排便的宝妈，调整膳食后告别便秘

图 2-3-3　便秘的表现

便秘指 2~3 天以上才排一次大便，并伴有大便干结、排不尽、排便困难等症状的异常排便现象。就像垃圾在房中放置时间越久，越容易滋生细菌、产生异味一样，便秘时间越长，越容易产生有害菌，影响面容气色，并因大便干结而增加患痔疮、肛裂的风险。

月嫂琼姐就服务过一位排便困难的宝妈，她从孕中后期开始，便出现大便干结、排便无力的情况，需要借助乳果糖才能两三天排一次大便。

经过膳食分析，琼姐判断，这位宝妈便秘的主要原因在于食物过于精细，缺少谷皮、菜叶等食物残渣。跟宝妈沟通后，她将部分大米换成带有完整谷皮

的藜麦和玉米，每天的餐食都安排小白菜、菠菜、花菜等蔬菜。产后第1周宝妈服用的乳果糖便减量了，第2周就完全摆脱乳果糖，可以自主排便了。营养均衡的意义，是保障身体各系统可自主且有序地运转，规律而自主的排便就是表现之一。

2. 找到便秘原因，让身体环卫队有序运转

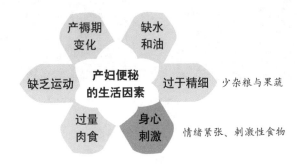

图 2-3-4　产妇便秘的生活因素

而产褥期女性，便秘率高达 34% 以上。是由高油脂、少果蔬、食物过于精细、卧床较多、活动少造成的。

（1）过于精细，缺少粗杂粮和果蔬

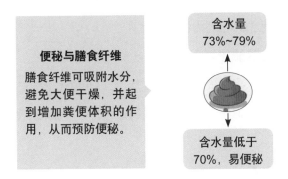

图 2-3-5　便秘与膳食纤维关系

正常大便含水量约75%，当大便含水量低于70%，大便就会干结、体积缩小，延长两次排便的时长间隔。而膳食纤维就像吸附水分的海绵一样，让大便保持均匀的持水度，它存在于谷物外皮、大豆及果蔬中。

琼姐安排的杂粮和果蔬，就会给身体输送膳食纤维。

图 2-3-6　全谷物及杂豆

图 2-3-7　白灼芥蓝

（2）因生产而激素波动，消化功能下降

因孕期雌激素水平升高，肠道及肛门括约肌松弛，肠道黏膜因水肿而充血，会出现排便无力的现象，这种现象将延续到产后初期。

（3）重视卧床的传统坐月子习俗，造成肠动力不足

肠道通过有节律的蠕动将粪便排出，若长期久卧将降低肠胃活动能力，造成粪便在大肠中滞留时间延长，增加有害菌与肠壁接触的时间，从而增加罹患肠道疾病的风险。因此，产后应常下床走动，避免久卧，以促进肠道血液循环。活动强度以不引起身体不适为依据。

（4）肉蛋类及油脂摄入过多

若哺乳期摄入较多肉蛋类高蛋白食物，它们在消化过程中将消耗大量水分，从而引起大便干结。而摄入的高蛋白食物过少则会降低肠道肌张力，造成排便无力。

（5）刺激因素

情绪方面：紧张及焦虑等精神因素，会影响神经传导，从而抑制肠胃蠕动，

引发便秘。因此，产褥期饮食应尊重产妇的选择。

饮食方面：辛辣刺激的食物会刺激肠胃黏膜增加肠易激，使大便干结、体积缩小，延长两次排便之间的时长间隔。

（6）缺少润滑物

因缺少油脂与水分，大便干结、干燥，出现排便困难。

3. 低脂高纤通便食谱

（1）八宝粥

食材：

大米、藜麦、干枸杞、小米、芸豆、薏米、黑米、红枣，各 12 g 左右。

关键步骤：

将食材清洗干净，放到清水中浸泡 6 个小时，然后将食材放到电饭锅中，按煮粥键，待跳闸后再煮第二遍。

营养解析：

• 富含膳食纤维，可吸附水分，避免大便干结。

• 富含维生素 B_1 可促进肠胃蠕动，降低排便难度。

图 2-3-8 八宝粥

（2）荷塘小炒

食材：

60 g 莲藕、10 g 干黑木耳、100 g 荷兰豆、30 g 胡萝卜。

关键步骤：

①将黑木耳泡发后去蒂，并清洗干净。

②去掉荷兰豆四周的老筋，将莲藕切成片状、胡萝卜切成条状备用。

③将藕片、荷兰豆、胡萝卜、黑木耳放入沸水中烫 1 分钟，捞出来过凉水后备用。

④热锅凉油，放少许蒜片爆香。

⑤将食材放入锅中大火翻炒2分钟，加少许盐即可。

营养解析：

·莲藕与黑木耳富含可溶性膳食纤维，具有较强吸水性，可缓解大便干结，降低排便不适感。

·荷兰豆与胡萝卜含不可溶性膳食纤维，可增加粪便体积，缩短两次排便的间隔时长。

图 2-3-9　荷塘小炒

（3）紫薯杠果球

食材：

紫薯、杠果、熟白芝麻、少许牛奶。

关键步骤：

①紫薯去皮切块，放锅里蒸15分钟左右。

②杠果切丁备用。

③用勺子将紫薯压成泥，加少量牛奶拌匀，搓成一个个紫薯球。

④将紫薯球做成窝状，装入杠果丁，重新搓成球状。

⑤放芝麻里一滚，好看的紫薯杠果球就做好了。

营养解析：

·白芝麻富含优质脂肪酸，可增加

粪便润滑度。

·紫薯和杠果富含膳食纤维，可增加粪便体积。

·杠果与紫薯的天然甜味相叠加，可舒缓神经，维持肠道正常节律。

图 2-3-10　紫薯杠果球

（金牌月嫂高邦清制作及摄影）

三、调理好腹泻，营养素吸收利用率就提高了

腹泻，俗称拉肚子，指一天排便超过 3 次且不成型，这是一种以大便稀薄、排便次数增加为特征的异常状态。肠道是人体吸收营养素的主要场所，腹泻将缩短营养素在肠道停留的时间，造成水分、电解质、维生素等营养素流失，从而造成营养不良。

腹泻者的表现相似，原因却各自不同，与肠道本身炎症、食物不洁、食物刺激、食物不耐受及过敏等多种因素相关，针对病因进行调理才能解决问题。接下来我们从引起腹泻的六大常见原因入手，探寻解决之道。

2-3-11 腹泻的常见原因

1. 因食物不良反应引起的周期性腹泻

（1）消化不良

有位学员曾分享过这样的经历：每次食用单位食堂的自磨豆浆就拉肚子，而喝早餐店的豆浆就没事。这是因为，单位用料理机制作的营养豆浆，未去渣较浓稠；而早餐店的豆浆往往较稀薄。为什么浓稠、带渣的豆浆会引起拉肚子呢？因为豆渣需要胃部花更多时间去碾磨，且大豆中的低聚糖具有轻泻的作用，过量食用会引起腹胀和腹泻。当摄入较多杂粮、油脂时，也易因消化不良而腹泻。

对策:

- 少食多餐，减少单次食用量；食物温润细，减少油腻的食物。
- 全天全谷物不超过主食的 1/3，若你食用完整大豆会引起肠胃不适，可替换成豆腐、千张等豆制品。

(2) 对以牛奶为代表的食物不耐受

一部分朋友一喝牛奶就拉肚子，喝酸奶就没事。这是亚洲人较常见的现象，称为乳糖不耐受。亚洲人断奶后较少饮用奶类，因此，身体分泌乳糖酶的功能逐渐退化。因乳糖酶分泌量减少，而出现喝牛奶时腹泻、腹胀等现象。

对策:

选择酸奶或舒化奶即可。酸奶中的乳糖已经转化为乳酸，舒化奶中提前添加了乳糖酶。同时，逐渐增加摄入量，提高耐受度。

(3) 食物过敏

若拉肚子现象常与某类食物结伴出现，例如，每逢吃西蓝花、鸡蛋、花生等食物就拉肚子，而其他人并无此现象，这说明不是食物有问题，而是你对该类食物不耐受或过敏。有规律地回避相应的食物，或者咨询医生和营养师寻找替代方法。

2. 减少刺激因素，避免刺激性腹泻

当热油、冰块或针尖触碰到皮肤时，你的手是否立即抖动一下呢？当清洗辣椒，辣椒素刺激到手时，会不会火辣辣的难以忍受呢？只要神经感受正常，上面这些现象都会发生！肠道有节律的活动也受神经调节，若受到类似刺激

也会加速蠕动，营养素及水分未及时吸收就随粪便排出，从而大便因含水量多而不成型。

表 2-3-1　引起慢性腹泻的刺激性因素

引起慢性腹泻的刺激性因素		
情绪刺激	物理刺激	化学刺激
紧张、激动、忧郁、焦虑、压力大等	寒冷、坚硬及大块食物，过酸辣烫冷的食物	酒精、烟草、食品添加剂、药物等
对策 妈妈第一，宝宝第二	对策 食物应温润细软	对策 吃新鲜食材，少加工

3. 感染及疾病因素

偶发的急性腹泻，其原因之一是食物中毒。如食用过期及不洁净食物、未充分烹饪的肉与蛋等。因此，哺乳期应选择新鲜、应季的食材。

若习惯性腹泻持续一个月以上，往往预示着与慢性肠炎等疾病相关，需就医检查后再针对病因调理。

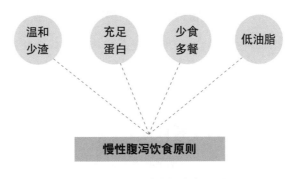

图 2-3-12　慢性腹泻饮食原则

若患慢性腹泻，应同慢性胃炎一样遵循温和少渣、易消化高蛋白、少食多餐、低油脂这四大原则，才能一边调养，一边提供营养。

第四节 产后美容养颜食谱，最自然的微整形

皮肤是人体最大的屏障器官，身体失去了皮肤的保护，会失血、疼痛、发炎。对外，皮肤能抵御有害物质侵袭；对内，皮肤可锁住水分和营养物质。

你不必因皮肤长痘痘、发炎、长斑而不满，也不要因干痒、暗淡、长皱纹而烦恼，这些情况是身体营养不良及外界侵袭留下的印记。恰当解读这些信号，给予及时而恰当的护理和营养干预，不仅能重获美好肌肤，也可由外而内见证体质的改变。

每28天，皮肤细胞就会更新一遍。充足的肉蛋奶豆所提供的优质蛋白质，将构建皮肤的结构蛋白质，支撑起紧致、饱满的脸。它们所合成的保湿因子，可维持皮肤润泽的状态。

要常喝白开水，选用植物油，被它们滋养的皮脂膜，不仅是重要的锁水屏障，也可以抵抗微生物对皮肤的侵袭，从而降低皮肤发炎、长痘痘的风险。

一、淡斑美白食谱：帮你褪去孕期的斑与疲倦

"怀孕月份到六七八，宝宝给妈妈脸上点花花"，指孕中后期女性脸上长斑的现象。皮肤长期颜色暗沉、布满色斑，就像没洗干净的白衬衣，尽显老态与疲倦。

我将分三种情况教你淡斑美白：第一种，孕期始终未长斑；第二种，孕

期长斑，产后逐渐褪去；第三种，孕期长斑，产后未完全褪去，成了一张"麻子脸"。

1. 找到皮肤色素沉淀的四大"元凶"，逐一攻克

（1）孕期雌激素带来的斑，产后自然减

原因：孕期雌激素水平升高，皮肤色素沉淀。如乳头、乳晕的颜色变深，一部分孕妇也会面部色素沉淀、长黄褐斑等。

对策：等待。产后雌激素水平下降，色素和色斑便会慢慢消失。

（2）日晒加剧皮肤老化，科学防晒预防光老化

原因：皮肤也有年龄，而因紫外线损伤造成的光老化是主要元凶，不仅增加黑色素沉积及色斑，也令角质层增厚、脱屑而影响皮肤色泽。

对策：防晒。夏季炎热时，准备防晒伞、防晒服及哺乳期防晒霜。

（3）好"色"才有好气色，彩色果蔬抗氧化

原因：皮肤表面的皮脂膜具有锁水与防御功能，被氧化损伤后，将降低锁水功能，并因抗炎能力下降而增加黄褐斑、雀斑、色素沉淀的风险。

对策：常食用富含 VC、类胡萝卜素及其他植物活性成分的新鲜果蔬；常吃坚果和植物油，为皮肤输送优质脂肪酸和 VE，保持皮脂膜完整性与正常功能。

表 2-4-1　抗氧化食材一览表

抗氧化食材一览表		
VC 及类胡萝卜素的来源	VE 的来源	其他来源
紫薯、紫甘蓝、红心火龙果、葡萄、猕猴桃等	植物油、核桃、杏仁、小麦胚芽、大豆等	萝卜、西蓝花、蒜薹、洋葱、香菇、草菇等

（4）三招排出毒素，从此不再"黑着脸"

对策：

参照本章第三节，用药物才能通便的宝妈，因调整膳食而告别便秘；哺乳期科学进补，不过量摄入油腻食材，避免血液黏稠；常食用抗氧化食材。

注意：

若出现以下几种情况，皮肤易因毒素无法及时排泄而暗沉：

- 因睡眠不足、血液黏稠等因素，造成抗氧化物质无法及时到达皮肤。
- 因便秘及缺水，造成毒素在体内长时间逗留而肤色暗沉。
- 因皮肤老化，代谢能力下降。

2. 淡斑美白营养餐食谱

淡斑美白营养餐应低温烹饪，避免抗氧化成分及脂肪酸被破坏。

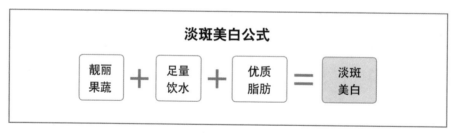

图 2-4-1 淡斑美白公式

（1）紫甘蓝炒莴苣丝

食材：

紫甘蓝、莴苣、白芝麻。

关键步骤：

①紫甘蓝和莴苣切丝备用。

②热锅凉油，放葱蒜爆香后倒入紫甘蓝、莴苣丝翻炒。

③炒软后加少许香醋、蚝油、食盐，再加白芝麻点缀，即可出锅。

营养解析：

· 莴苣和紫甘蓝富含膳食纤维利于排便，促进毒素排泄。

· 紫甘蓝富含花青素，可通过抗氧化避免色素沉积。

图 2-4-2　紫甘蓝炒莴苣丝

（2）酸奶水果沙拉

食材：

50 mL 原味酸奶、20 g 小麦胚芽、50 g 杧果、50 g 红心火龙果、50 g 猕猴桃。

关键步骤：

①水果切块。

②浇上酸奶代替沙拉酱。

③撒上小麦胚芽点缀即可。

营养解析：

· 颜色越靓丽的水果，抗氧化物质越充足。

· 沙拉酱高糖、高油脂，由酸奶代替，既利于补钙也可降低能量值。

· 小麦胚芽富含VE和锌元素，抗氧化的同时，利于炎性皮肤修复。

· 可根据季节及自己的喜好，将水果换成其他品种。

图 2-4-3　酸奶水果沙拉

二、抗皱紧致食谱：一个公式，促进胶原蛋白合成

1. 皮肤松弛、皱纹早生，与三大因素密不可分

松弛的皮肤就像瘪下来的气球，无论如何拉扯气球表面，都难以变饱满，除非重新灌满气体。已经松弛的皮肤，用按摩、拉扯等物理方法都难回紧致的状态，除非支撑皮肤的胶原蛋白、弹力蛋白能归位。

皮肤松弛、长皱纹的三大因素

• 因胶原蛋白减少、弹力蛋白断裂，皮肤出现"坍陷式"松弛。

• 因皮脂膜锁水能力下降，皮肤如干燥的土地一般。

• 紫外线照射，可使弹性纤维和胶原断裂、再生能力下降，出现皮肤光老化。

其他因素：年龄增长、睡眠不足、疾病、营养不良等。

皱纹，就是出卖年龄的"间谍"。我们需从防晒、补水及保证优质蛋白质三方面入手，全面抗皱。

2. 三大抗皱饮食法则

（1）法则一：一个公式，让胶原蛋白自给自足

胶原纤维占皮肤干重的70%~80%，是皮肤主要的结构蛋白质，就像伞柄一样支撑着伞面。因此，市面上各种胶原蛋白类保健品畅销不止。然而，吃进去的胶原蛋白，真的能原封不动地成为人类胶原蛋白的一部分吗？

人体与其他动植物的胶原蛋白，并非完全一致，它们形态各不同。无论来自保健品、猪蹄还是鱼皮，都不能直接被人体吸收，需要分解为最小的单位，以原材料的形式参与人体胶原蛋白的合成。

那么，为什么有人食用胶原蛋白口服液后，皮肤会变好呢？我收集了数款产品后发现一个有趣的现象，即它们都额外添加了 VC。VC 就是合成胶原蛋白的"黏合剂"。

补充胶原蛋白的万能公式

优质蛋白 + VC = 胶原蛋白

图 2-4-4　补充胶原蛋白的万能公式

选用肉蛋奶豆等高蛋白食物时，搭配表 2-4-2 中的高 VC 食材，便可为身体提供充分的原料，自动"组装"身体的胶原蛋白，这就是"冻龄"的秘密。

表 2-4-2　高 VC 食材一览表

高 VC 食材一览表	
蔬菜	水果
苦瓜、芹菜叶、青椒、灯笼椒、西红柿、包菜、水萝卜、香菜、小白菜等	冬枣、猕猴桃、葡萄、草莓、樱桃、橙子、柑橘、杜果、杨梅等
注意事项：不宜长期高温烹饪	**注意事项**：果干、罐头中的 VC 含量低

(2) 法则二：吃进来的保湿因子，自然锁水

皮肤专家把皮肤形容为钻墙结构，角质细胞像砖头，脂类像泥浆，保护皮肤水分不流失。皮肤水分在保湿因子的协助下，均匀分布于角质层，使皮肤保持良好的水合状态。而保湿因子就是蛋白质的分解产物——氨基酸所构成的。

对抗小干纹，需要优质蛋白质、水、适当油脂。

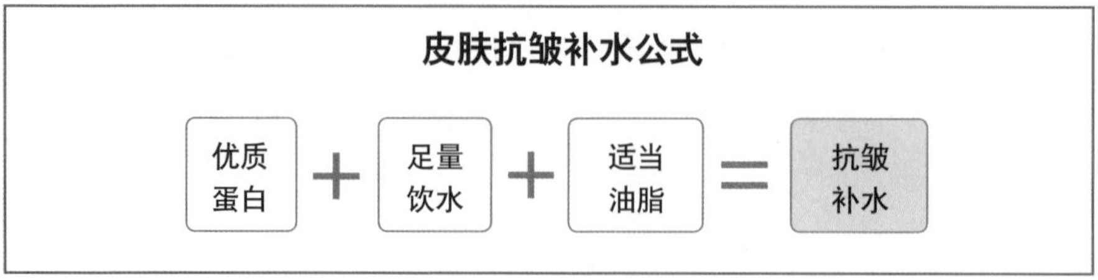

皮肤抗皱补水公式

优质蛋白 **+** 足量饮水 **+** 适当油脂 **=** 抗皱补水

图 2-4-5　皮肤抗皱补水公式

（3）法则三：里应外合补水法，不仅仅为了防皱

表 2-4-3　里应外合补水法

里应外合补水法	
外	内
选用孕哺期适用的护肤品，面膜、补水等护肤步骤不可少	每天摄入 2000 mL 左右的饮用水，常吃新鲜果蔬，少盐

功效：抗皱、淡化细纹、提亮肤色，预防色素沉淀等皮肤提前老化现象。

饮食，是滋养皮肤的内因子；护肤品，是浇灌皮肤之花的花洒。里应外合补水法，让你成为皮肤水润的辣妈。

3. 抗皱紧致食谱

（1）果香虾仁

食材：

100 g 基围虾、50 g 草莓、10 g 芦笋、西红柿酱。

关键步骤：

①将基围虾去虾壳和虾线，用淀粉、生抽和姜片腌制 10 分钟。

②将草莓和芦笋洗净，草莓一分为二、芦笋切成丁状备用。

③热锅凉油，放葱花炒出香味，放虾仁翻炒至虾仁卷曲、变色。

④加入芦笋、草莓、西红柿酱继续翻炒 1 分钟即可出锅。

营养解析：

· 虾肉低脂高蛋白，草莓富含 VC，食用后身体可以此为原料合成胶原蛋白。

· 蛋白质、VC 都有提高免疫力的作用，此食谱可抗皱、亮肤、提高免疫力。

图 2-4-6　果香虾仁

（营养师王立新制作及摄影）

（2）玫瑰鱼块

食材：

200 g 鲫鱼块、1 个鸡蛋、30 g 面粉、10 g 淀粉、苋菜。

关键步骤：

①用盐、生姜将鱼块腌制 20 分钟。

②用清水、鸡蛋、淀粉和面粉做面糊，加少许盐搅拌均匀，将鱼块裹上面糊备用。

③烧开水，放鱼块煮 10 分钟。

④炒苋菜时适当多加水，留一部分红色汁液，给鱼汤提色即可。

营养解析：

· 面糊裹住鱼块，可让鱼肉更细腻；将鱼香味锁在肉中，香味更浓郁。

· 鱼肉蛋白质纤维短、易消化，可紧肤，利于伤口愈合。

· 炖煮法可避免鱼肉中脂肪酸被破坏，并能减少油脂量，利于产后瘦身。

图 2-4-7　玫瑰鱼块

三、消炎祛痘食谱：用营养素启动皮肤自洁系统

晓育从怀孕第4个月开始，脸上便时不时冒出几颗痘痘。慢慢地，痘痘爬到前胸和后背，触及时略感疼痛。她以为产后痘痘会自然消失，然而已经生宝宝两个月了，像草莓一样的痘痘与痘印依然此起彼伏。这是为什么呢？

我分析后，发现她的饮食中有三大"炎性黑手"，看看你的饮食中是否也有隐患吧。

1. 产后痘留，需留意三大"炎性黑手"

脂溢性皮炎及痤疮的三大原因

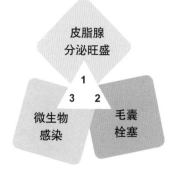

图2-4-8 脂溢性皮炎及痤疮的三大原因

因孕产期激素水平波动，刺激皮脂腺分泌，油腻的皮肤更容易沾染细菌、粉尘等，引发脂溢性皮炎及痤疮，并进一步增加毛囊栓塞的风险，从而加剧症状。

2. 应对皮肤炎症与痘痘的三大举措

（1）减油

少油汤与肥肉，控制脂肪摄入量，减少皮脂分泌。

（2）控油

常吃富含VB的红豆、薏米、燕麦、菌菇、牛奶等食物，调节皮脂代谢

异常，从内控油。

（3）疏堵

脂溢性皮炎与痤疮常常伴随毛囊角质化，代谢物不能及时排出而发炎。摄入富含类胡萝卜素的西蓝花、南瓜、小白菜等食材，可促进皮肤分泌黏蛋白，清除毛囊的栓塞物，减轻因毛囊发炎而长痘痘的现象。

表 2-4-4　控油抗炎食材一览表

控油抗炎食材一览表	
高 VB 食材	高类胡萝卜素食材
红豆、藜麦、小米、燕麦、荞麦、玉米、蘑菇、牛奶、鸡蛋、鱼肉、猪瘦肉、猪肝等	胡萝卜、西蓝花、圆包菜、油麦菜、绿苋菜、南瓜、杧果、木瓜、橙子、玉米等

3．控油祛痘食谱

（1）紫薯燕麦

食材：

20 g 脱脂奶粉、15 g 裸燕麦片、紫薯与红薯各 15 g、3 g 魔芋精粉。

关键步骤：

①将红薯和紫薯切块，蒸熟。

②杯中放入燕麦片、魔芋精粉，用开水冲调并搅拌。

③温度下降至 70 ℃左右时加脱脂奶粉，继续搅拌，再加入蒸熟的紫薯与红薯即可。

营养解析：

•燕麦片、奶粉富含维生素 B$_2$，可平衡皮脂代谢，预防皮肤炎症。

•薯类色彩艳丽，富含膳食纤维，可促进排毒；脱脂牛奶高蛋白低脂肪，可帮助产妇实现瘦哺梦想。

图 2-4-9　紫薯燕麦

（2）鲍鱼杏鲍菇

食材：

100 g 杏鲍菇。

关键步骤：

①将杏鲍菇切片，正反交替切十字花刀。

②用生抽、老抽、白糖、香醋、水调成红烧汁。

③平底锅抹油后加热，将杏鲍菇平铺于锅内细火煎出水后，翻面继续煎。

④待杏鲍菇彻底煎软后加红烧汁细火烧，中途经常翻面，约10分钟后收汁起锅。

营养解析：

•杏鲍菇富含维生素 B 族、锌和膳食纤维，可改善炎症皮肤血液循环，并促进伤口愈合。

•杏鲍菇饱腹感强，可促进排便，是极佳的哺乳期减重美容营养食材。

图 2-4-10　鲍鱼杏鲍菇

四、润眼明目食谱：不要让衰老的眼睛，暴露了年龄

1. 枸杞可给眼睛加湿，告别干眼症

你是否曾有这样的感受：眼睛干燥酸胀，滴一瓶又一瓶润眼液，都无济于事；眼睛没受伤，眼球却像针刺一样；眼睛里好像有沙子，可是怎么揉都揉不掉。

曾经的我就是这样。高度近视加上每天长时间用眼，眼药水从不离手，眼睛还常常酸涩刺痛，并因此而头痛。后来，我通过每天吃 20~30 颗泡发的枸杞，减轻了症状。

枸杞为何如此神奇？因为它富含为眼睛加湿的营养素——可转化为 VA 的类胡萝卜素。

身体上皮组织分泌的黏液又叫黏蛋白，可滋润器官，冲刷细菌。若 VA 不足，黏液将被干燥的角蛋白代替，身体就会出现一系列干燥的症状，如喉咙干痒咳嗽、眼睛干涩酸胀、皮肤粗糙呈鱼鳞状等。

VA 就像身体的加湿器，维持黏膜与皮肤正常的湿润度，它来自动植物两方面。动物来源的 VA，易在肝脏蓄积而中毒，而红黄色食物中的类胡萝卜素，可根据身体所需转化为 VA，无中毒风险，是人类摄取 VA 的主要形式。

乳母需通过乳汁将 VA 输送给宝宝，需要量比平时约增加一倍，因此乳母更易出现因 VA 不足而影响黏蛋白分泌的情况，导致皮肤最薄、最敏感的眼睛出现酸胀、干涩和模糊等症状。

2. 润眼明目食谱，与枸杞成分相似的食材任你挑

现在，即便不食用枸杞，我也不再眼睛干涩。因为我明白枸杞明目的功效成分是类胡萝卜素，参考表 2-4-5 选择含量高的食材，便可起到同样作用。

表 2-4-5　润眼明目食材一览表

润眼明目食材一览表	
蔬菜及谷薯	水果
枸杞、枸杞叶、荠菜、芥蓝、莴苣、胡萝卜、南瓜、西蓝花、韭菜、玉米等	海棠果、柑橘、橙子、杧果、黄心猕猴桃、菠萝等

（1）枸杞玉米炖鸡肉

食材：

150 g 鸡块、150 g 玉米、60 g 泡发的香菇、10 g 干枸杞。

关键步骤：

①将清理后的鸡肉、玉米切块，香菇切片，枸杞泡发后备用。

②大葱切段、生姜切片备用。

③热锅放油，油加热后放葱段、姜片爆香后，加入鸡块翻炒 3 分钟。

④电饭锅中加开水、鸡块、玉米、香菇、枸杞，按相关功能键炖煮。

⑤炖好后加盐，再继续炖 5 分钟即可。

营养解析：

•玉米富含玉米黄素，可保护眼睛黄斑区免受蓝光辐射，预防眼睛干涩。

•枸杞富含类胡萝卜素，可转化为 VA，润眼明目。

•鸡肉中的油脂可促进类胡萝卜素吸收，提高利用率。

图 2-4-11　枸杞玉米炖鸡肉

（2）南瓜奶昔

食材：

200 g 板栗南瓜、20 g 脱脂奶粉、10 mL 酸奶。

关键步骤：

①将南瓜去皮，放锅中蒸熟；趁热，用料理机将南瓜打成泥。

②将奶粉加南瓜浆中搅拌均匀；用酸奶在南瓜奶昔上滴一条线，用牙签将酸奶轻轻往两侧划，做成树叶状。

营养解析：

•南瓜富含类胡萝卜素，可维持润眼液分泌，保护黄斑区。

•用奶粉代替奶液，可增加南瓜使用量。

图 2-4-12　南瓜奶昔

第三章

选对瘦哺食物

第一节 **主食加杂粮，是哺乳期减肥的指路明灯**

一、主食加杂粮，吃饱又能健康瘦

1. 瑜伽教练节食减肥，免疫力下降，奶量减少

小李已经生宝宝一个半月了，出门后还有人问她："你快生了吧？"这让身为瑜伽教练的她很苦恼。于是，她三餐都不吃主食。体重确实下降了，但宝宝却常常吃一会儿母乳，就吐出乳头哇哇大哭。喂完奶起身那一刻，她常感到天旋地转，有一次差点晕倒在房间。

节食的步伐被身体叫停，恢复饮食后，体重又迅速回升。怎样减肥，既不伤身体，又能长期坚持呢？当她提出这个疑问时，我提了一个建议：吃"穿着外衣"的主食！即主食中搭配玉米、绿豆、燕麦等带皮的杂粮，如玉米饭。两个星期后，小李看着咕咚咕咚安静吃奶的宝宝，摸着逐渐宽松的裤子，激动地发微信告诉我，没想到宝宝能吃饱，自己也能瘦下来。

2. 吃"裸奔"的主食容易胖，吃"穿衣服"的全谷物才会瘦

与其对主食忽冷忽热（暴饮暴食），不如找到一种可持续合作的和谐相处模式——与全谷物合作，让主食成为减肥的利器。

为什么小李吃全谷物后瘦了呢？全谷物指保留谷皮、糊粉层和胚芽的完整粮谷类作物，如整粒玉米、小米、燕麦、藜麦、糙米、红豆等作物。

这类食物较难糊化，在胃中逗留时间延长，即便吃较少主食，也能获得更

持久的饱腹感。这种不需忍饥挨饿的减肥方式，才能自然维持健康的身材。

而精制大米、面粉等谷物，经过精细碾磨的工序节约了肠胃的消化时间，需要增加食用量才能获得与全谷物相同的饱腹感。因此，长期不吃粗杂粮，就会陷入"吃饱就肥胖，不吃饱就难受"的两难困境。

储存在全谷物谷皮及糊粉层的VB可促进乳母肠胃蠕动、脂肪代谢，有"脂肪燃烧弹"的美誉。适宜的VB摄入量，才能保证乳汁VB水平，从而促进宝宝能量代谢及神经智能发育。

无控制感的饮食才能被长久坚持，遵循以下三个原则，你就能吃饱肚子健康瘦。

- "三分天下"：以白米、面粉等精细米面为主，全谷物占 1/3。
- 增加种类不增加重量：用部分全谷物代替精细米面，而非直接增加。
- 循序渐进：肠胃功能较弱的产妇，需循序渐进，先用少量易消化全谷物替代精细米面，逐步达到主食的 1/3。

二、三种粗细粮搭配法，为乳母减重，为乳汁增营养

1. 混搭式

乳母要想瘦，"三分主食杂粮凑"。将杂粮加到大米、面粉等细粮中蒸饭、煮粥、做面条、馒头等，就是粗细搭配的极简形式。

（1）玉米饭

食材：

50 g 新鲜玉米粒、100 g 大米、250 mL 水。

关键步骤：

将玉米粒、大米洗干净，加水后放电饭锅中，蒸熟即可。

营养解析：

• 叶黄素不仅为玉米穿上金黄色的外衣，也可帮助眼睛抵御来自手机、电脑等电子产品的蓝光的伤害，辅助缓解产后眼疲劳。

• 薄薄的胶质不给肠胃增加过量负担，也可让食物在胃中停留较长时间，是产后进补的绝佳主食。

图 3-1-1　玉米饭

用部分全谷物代谢精细米面，杂粮主食更丰富，如图 3-1-2 和图 3-1-3。

图 3-1-2　芸豆藜麦粥

图 3-1-3　花式杂粮馒头

2.AA 伴侣式

食用杂粮需规避一个误区，即凡是米饭必加杂粮，凡是馒头必加杂粮粉。这样既让对白米饭、白馒头情有独钟的人难以接受，也是对身体消化功能的误解。无论杂粮与细粮混合蒸饭，还是单独烹饪，它们在肠胃里都混为一团了。因此，你不必强求粗细粮必须在锅中拥抱，只要能让二者在餐桌相遇即可。

推荐粗细搭配的第二种方法：AA 伴侣式。即保留白米饭、馒头、面条等精细主食的同时，额外单独搭配玉米、杂粮粥、杂粮糊等。

（1）白米饭＋玉米

图 3-1-4　白米饭＋玉米

蒸白米饭时，同时蒸几块玉米，其营养价值不亚于将玉米粒混入大米中煮。这样既能保证营养，又能保证大米饭和玉米各自独立的口感。

（2）蔬菜饼＋杂粮粥

图 3-1-5　红薯杂粮粥

中国人素来爱喝粥，食用蔬菜煎饼、馒头时，煮一碗红薯杂粮粥，便是 AA 伴侣式粗细粮搭配的典范。无油的汤水，保证母乳水分来源，增加饱腹感。喜欢什么杂粮就用什么煮，你的杂粮粥你做主。

3. 便携式

若休产假后，你常在食堂或餐厅就餐，买不到杂粮饭，怎么办呢？你可以在办公室备一些无糖的速食杂粮，如燕麦片、小麦胚芽粉、全麦面包等。两餐之间，便可为自己加一餐。

（1）燕麦片、全麦面包

图 3-1-6 燕麦片

图 3-1-7 全麦面包

（2）牛奶枸杞燕麦

食材：

15 g 裸燕麦片、20 g 脱脂奶粉、5 g 枸杞、10 g 即食小麦胚芽粉。

关键步骤：

①将枸杞、裸燕麦片放入杯中，加 150 mL 开水冲泡。

②待温度微冷后加入脱脂奶粉，搅拌均匀。

操作要点：

• 选择无蔗糖的裸燕麦片，冲调时可添加枸杞子、葡萄干等提升甜度。

• 先用开水冲调裸燕麦片和枸杞，待温度冷却到 50℃时，再倒入脱脂奶粉冲调。

图 3-1-8 牛奶枸杞燕麦

三、哺乳期主食太单调？快收藏可减肥的薯类美食

论饱腹，薯类不输主食；论营养，薯类堪比果蔬。

薯类成员：

主要包括红薯、紫薯、土豆、山药、芋头等。

图 3-1-9 紫薯

薯类指以淀粉为主的根块类作物，营养结构与谷类相似，被并入主食阵营。薯类因可促进排便、预防肠道疾病，而被冠以"抗癌明星"的美誉。

薯类就像注水的馒头与米饭，由于含水量高，等量薯类的能量值相当于米饭的 70%、馒头的 35%。以部分薯类代替米面，便可在不减少食物分量的情况下减少能量，从而自然减重。

新鲜的薯类，像果蔬一样含 VC 及多种植物活性成分，兼具主食的饱腹感与果蔬微量营养素丰富的优势，常食薯类可润肠通便，减少毒素与肠壁接触时间，预防肠道疾病、口臭、脸色暗沉等问题。

可甜可咸、能吃能喝的薯类，就像食物中的"花旦"，既为单调的主食增添了风采，也是减脂增乳的明星。接下来，我将介绍四种薯类食用方法，丰富你的哺乳期餐单。

1. "薯"你最好吃

图 3-1-10 这道菜名为"五谷丰登"，是多家餐厅的养生菜明星，每次点它时，都被亲友夸奖"会点菜"！

这款零厨艺养生菜，应是家家座上宾。

操作要点:

　直接蒸红薯、紫薯、山药等,
以减少粮谷类主食。

图 3-1-10　五谷丰登

　　繁忙的早晨,若来不及煮杂粮粥、打豆浆,我就蒸几块紫薯或红薯,代替部分粮谷。

　　赋予红薯金黄色彩的类胡萝卜素,具有润眼名目的功效。伴随着软糯的口感、香甜的味道,一整天美好的哺乳时光便开启了。

操作要点:

　不必一次蒸多个品种,根据个人喜欢,选择一两种蒸煮即可。

图 3-1-11　红薯早餐

2. "薯"你最好喝

　　把甜甜的红薯或紫薯加到粥、燕麦片、豆浆或酸奶中,便可自制多彩甜蜜饮品。

（1）紫薯酸奶

食材：

200 mL 原味酸奶、30 g 紫薯。

关键步骤：

①紫薯去皮、切块后放盘子里。

②水烧开后，把紫薯盘放到蒸笼中，大火蒸15分钟，再转中火蒸10分钟。

③待紫薯块放凉后，用勺子压成泥。

④将酸奶倒入紫薯泥中，搅拌均匀。

营养解析：

•紫薯含天然色素、果糖、膳食纤维和花青素，是提升酸奶口感和营养价值的黄金搭档。

•具有改善食欲、促排便和补钙等多重功效。

图 3-1-12　紫薯酸奶

要点提示：

•红薯和紫薯是天然的甜味与增色剂，蒸熟后压成泥或切块便可加入流食中。

•红薯富含类胡萝卜素，更适合眼睛干涩及皮肤干燥时食用；紫薯富含花青素，长期食用可抗氧化，辅助产后淡斑。

3.“薯”你最时尚

无论酸甜可口的蓝莓山药泥，还是精制的芋泥糕、土豆饼，都展示了薯类独特的美食气质。让产后的你，感受薯类美食的无限可能。

（1）糖桂花山药

食材：

100 g 铁棍山药、10 g 干桂花、5 g 玉米淀粉、5 g 白砂糖。

关键步骤：

①先把山药洗干净，水烧开后，把山药放蒸锅中蒸20分钟。

②把熟山药去皮后切条，在盘子里摆成井字形。（由于山药中的皂甙，会导致部分人皮肤过敏而发痒、刺痛。由于皂甙不耐热，蒸熟后再去皮就可以避免了。）

③在 50 mL 水中，加淀粉和白砂糖，调制成水淀粉。

④锅中放半碗清水，烧开后倒入水淀粉勾薄芡，关火后撒上桂花，糖桂花就做好了。

⑤将糖桂花淋到山药上，爽脆香甜的糖桂花山药就做好了。

营养解析：

• 山药富含益生元，可促进肠道益生菌繁殖，具有调血脂、保护肠道健康等功效。

加餐吃法：

一款糖桂花山药搭配蛋羹，就是营养全面的哺乳期加餐。这套低能量的搭配方法，养颜、养身又养心，产后的你试试看吧。

图 3-1-13 糖桂花山药

4．"薯"你最下饭

无论是土豆丝、山药炖排骨，还是红薯粥、烧芋头，薯类都是混入家常菜队伍中的主食。当食用这类菜肴时，适当减少粮谷，便可享受主食的别样吃法。

（1）芋头粉丝炖鸡块

食材：

1000 g 鸡块、200 g 芋头、100 g 粉丝、200 g 胡萝卜。

关键步骤：

①将鸡肉、芋头洗净切块，粉丝清洗后浸泡备用。

②切葱姜蒜末、生姜片备用。

③热锅凉油，放葱姜蒜末爆香，放鸡块，加少许盐炒5分钟左右。

④加开水、芋头、姜片，开大火炖20分钟后转小火。

⑤加粉丝和胡萝卜，继续慢炖30分钟。

⑥加盐、葱花后即可。

营养解析：

• 这份营养餐有主有副、有荤有素、有粗有细，且水分足，是营养丰富的综合性哺乳餐，可满足一餐的需要。操作简单、省时省力。适合时间紧迫，或加餐时选用。

• 鸡肉细嫩易消化，尤其适合易腹胀、腹痛、消化不良的产妇，无压力补充蛋白质。

图 3-1-14 芋头粉丝炖鸡块

直接蒸煮，薯类是美味主食；用以佐饮，薯类是最靓的甜品；制成泥糊、糕点、薯条等美食，薯类又化作最时尚的零食；即便是家常小炒，薯类也是最下饭的菜。无论哪种烹饪方式，薯类都是主食的一员。每天用一两个鸡蛋大小的薯类替换精细米面，产后调养更简单。

五彩果蔬，哺乳期天然的营养铺子

一、常食果与蔬，方可一边瘦身一边哺乳

图 3-2-1　蔬菜

两块同等重量的金条，含金量 99% 与含金量 10% 相比，贵很多。就像同等重量的食材，高能量与低能量相比，更易增肥。

500 g 蔬菜或 200 g 水果的能量值约等于 10 mL 油、50 g 鸡蛋、75 g 米饭或 150 mL 牛奶。同等体积，能量越低越利于减肥。大个头、低能量的果蔬，就是佼佼者。

若不吃果蔬，胃全部由小个头、高能量的食材填充，将因能量超标而肥胖。因此，哺乳期常食果与蔬，方可一边瘦身一边哺乳。

1. 果蔬的主要营养素

果蔬是低能量的营养素宝库：绿油油的蔬菜是植物钙库，其钙含量与吸

收率都与牛奶不相上下；黄澄澄的杧果、南瓜和柑橘等富含类胡萝卜素，像保湿喷雾一样锁水明目；酸酸甜甜的草莓与猕猴桃富含VC，是女士们追捧的美容元素。

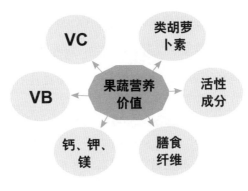

图 3-2-2　果蔬营养价值

　　果蔬不仅是能减肥的多维片，而且它比多维片更有饱腹感，更有滋有味。它们富含维生素、矿物质和膳食纤维，既是预防产后疼痛、便秘、早衰的良方，也是母乳全营养的保障，是母乳中VC、VB、VA、钙和锌等营养素的重要来源。乳母常食果蔬，才能保证母乳质量。

2. 选择果蔬的"鲜多多"原则

（1）新鲜的

　　果蔬采摘以后，放置的时间越长，亚硝酸盐含量就越高，食用后它与体内胺类物质结合可形成致癌物亚硝胺。且存放时间越久，VC、VB等营养素越易流失。所以，选材新鲜不仅仅为了口感，也是健康所需。新鲜的果蔬表面饱满、坚挺、色泽亮丽，越接近采摘时的模样，代表它们越新鲜。

图 3-2-3　选择果蔬的
"鲜多多"原则

（2）多彩的

女性吃花瓣美容，曾是宫廷养颜秘方。从现代营养学角度分析，亦有可取之处。花瓣艳丽的色彩，是丰富的植物活性成分赋予的，它们具有抗氧化等功效。食用多彩果蔬，也可起到同样的作用，且口感更胜一筹。绿色果蔬的叶绿素可抗氧化，黄色果蔬的叶黄素可明目，紫色果蔬的花青素可抗衰老。选择果蔬，应优选色彩靓丽的，颜色越深说明其微量营养素及植物活性成分越丰富。

（3）多汁的

从新鲜苹果到苹果干，其能量值将提高约8倍，因果干制作过程中榨干了不含热量的水分，留下的主要为浓缩的糖分。含水量越高的果蔬，能量值越低，越利于产后减肥。

二、哺乳期蔬菜养生法，比药膳美味、比减肥药有效

1. 每天三五种，多彩多营养

含水量高的蔬菜能量低，深色、新鲜的蔬菜微量营养素含量高。选择蔬菜应遵循"鲜多多"原则：新鲜、多彩、多汁。

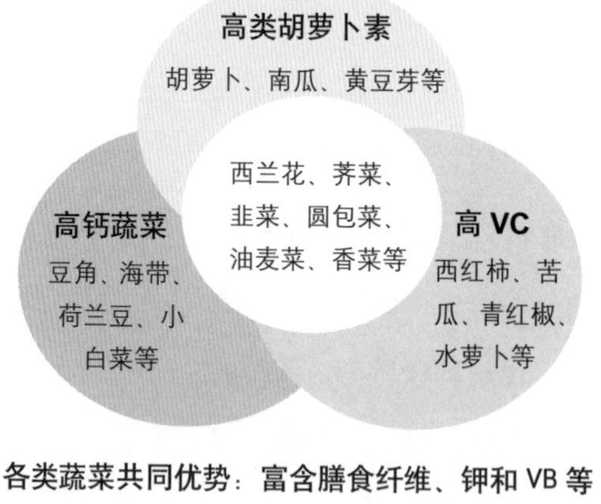

高类胡萝卜素
胡萝卜、南瓜、黄豆芽等

高钙蔬菜
豆角、海带、荷兰豆、小白菜等

西兰花、荠菜、韭菜、圆包菜、油麦菜、香菜等

高 VC
西红柿、苦瓜、青红椒、水萝卜等

各类蔬菜共同优势：富含膳食纤维、钾和 VB 等

图 3-2-4　常见蔬菜优势营养素分布

蔬菜普遍富含钾、膳食纤维及维生素 B 族，除此以外，它们又各具特色。

深绿色叶菜能量低、膳食纤维含量高，钙镁含量类似于牛奶，VC 含量与水果相当；红黄色的蔬菜富含类胡萝卜素，可明目、抗感染、保护血管；菌藻类食物，富含植物多糖，利于稳定血糖、血脂，预防肠道疾病。所以，如果深绿色蔬菜是国王，那么红黄色蔬菜就是王后，它们和其他蔬菜一同主宰着蔬菜王国。

2. 餐餐有蔬菜，每餐小半盘

大个头、低能量的蔬菜，是占据胃空间的中坚力量。餐餐有蔬菜，可自然减少当餐主食量，不知不觉瘦下来。

图 3-2-5　有蔬菜的营养早餐

如果蔬菜过量，主食、肉蛋奶等食物摄入量不足，也会引起蛋白质及能量缺乏，造成奶量下降。所以，蔬菜再好也不要贪多，每餐小半盘，就是刚刚好。

3. 轻烹保新鲜，少油多健康

（1）轻烹小菜示范：时蔬鸡汤

食材：

淡鸡汤、100 g 刺拐棒、30 g 口蘑、少许千张、胡萝卜。

关键步骤：

①口蘑切片。

②千张、胡萝卜切丝备用。

③口蘑放冷鸡汤中，开火煮沸。

④水开后放胡萝卜、千张、刺拐棒及少许盐，煮 2 分钟即可。

营养解析：

刺拐棒是黑龙江叫法，是一种食药兼用植物，每 100 g 约含 100 mg 钙；口蘑富含膳食纤维。

图 3-2-6　时蔬鸡汤

（母婴营养师贡玉涟制作及摄影）

（2）三彩时蔬示范：素炒时蔬

食材：

50 g 芦笋、50 g 白玉菇、30 g 彩椒、少许油盐。

关键步骤：

①削掉芦笋根部的厚皮，斜切成段状。白玉菇切两段，彩椒切条备用。

②用小半碗冷水加少许盐、鸡精、香油、玉米淀粉勾薄芡备用。

③将切好的芦笋、白玉菇和彩椒放入沸水中，加少许油盐焯烫 1~2 分钟后捞出。焯烫时加少许油盐可保持蔬菜靓丽的色彩。

④热锅凉油，将焯烫好的食材放锅中爆炒，加少许盐，边炒边加薄芡，1 分钟后盛出即可。

营养解析：

• 富含 VC 和类胡萝卜素的彩椒，遇到补充钙、钾元素的明星食材芦笋，并在富含膳食纤维的白玉菇协助下，可帮助乳母通便、排毒、明目与养神。

• 这款三彩时蔬高钾低钠，利于预防及应对产后高血压。对于一般乳母，可起到营养神经、消水肿的功效，亦利于宝宝神经系统发育。

图 3-2-7　素炒时蔬

（母婴营养师贾玉涟制作及摄影）

三、最催奶的瘦哺水果，是不需要烹饪的

1. 富含 VC 和类胡萝卜素的水果，最适合乳母

哺乳期的 VC 推荐摄入量增加 50%，而 VA 推荐摄入量增加 80%，增加高 VC 及高类胡萝卜素（部分可转化为 VA）的水果，才能达标。

高 VC

促进胶原蛋白合成，提高母婴免疫力。

高类胡萝卜素

预防产后呼吸道感染、皮肤干燥，促进宝宝视网膜和黏膜发育。

图 3-2-8　红橙

表 3-2-1　高 VC 及高类胡萝卜素的水果一览表

高VC及高类胡萝卜素水果一览表	
高 VC 水果	柑橘、橙子、草莓、猕猴桃、冬枣、杜果、杨梅等
高类胡萝卜素水果	柑橘、橙子、海棠果、哈密瓜、木瓜、杜果等

集 VC 和类胡萝卜素于一身的食材有什么特征呢？黄色是类胡萝卜素的标志，酸味利于隐藏 VC，略带酸味的橙黄色水果 VC 与类胡萝卜素含量都高，如柑橘、橙子、杜果等。同时，猕猴桃、葡萄、杨梅、西瓜等深色水果，因富含植物活性成分而色彩艳丽，也要常常吃。

2. 乳母摄入水果过量也会胖，每天 1~2 个苹果刚刚好

听说水果高营养、低能量，小李便把水果当零食吃。夏天时，她一次能吃半个西瓜，饭后还要吃一根香蕉或一个苹果。不吃肉，她的体重却不降反升，这是为什么呢？因为水果虽然美味，但蛋白质含量低，饱腹感差，并不会因此影响正餐饭量，如此一来就额外摄入过量糖分，腰不知不觉就变粗了。

哺乳期全天水果推荐量为 200~400 g，一个中等大小的苹果约 200 g，乳母每天食用的水果总量控制在 1~2 个苹果的重量之间最合适。

图 3-2-9　苹果

3. 最营养的水果吃法，是直接吃

加热、水煮、榨汁等方式，都会不同程度破坏水果中脆弱的 VC 及植物活性成分等功效成分。

因此，吃水果最营养的吃法就是处理干净后直接食用。

表 3-2-2　各种水果吃法比较

方式	洗净后生吃	果汁	果干、果脯	蒸煮
优点	营养素最完整	喝得快而多	高能量，易保存	增加食品风味
缺点	对于懒人来说"费牙"	不咀嚼，易过量食用；易造成 VC 等营养素损失	甜度高；VC 损失殆尽	需要低温短时加热

四、有水果的月子餐食谱，甜蜜又养颜

水果经过简单加工用以佐餐，将成为点亮餐桌与心情的最佳方法，让哺乳期饮食更有仪式感。遵循"营养第一、情调第二、简单第三"的原则，我来分享三种极简水果佐餐法。

1. 水果块：混搭的甜彩风情

食材：

红心火龙果、杧果、青提。

关键步骤：

①选择 2~3 种色彩艳丽的水果，切成自己喜欢的形状。

②淋上少许酸奶就能秒变水果沙拉。

营养解析：

五彩水果富含维生素、植物活性成分，可抗氧化、淡斑、亮肤。

图 3-2-10　水果块

2. 紫糯米杧果饭：这款主食有点甜

食材：

紫糯米、杧果、酸奶。

关键步骤：

①将米与水按1：2.5的比例，蒸出紫糯米饭。

②将杧果切成丁状，放到已经盛出来的热米饭中。

③淋入少许酸奶，一碗高颜值高营养的紫糯米饭就做好了。杧果不参与烹饪，既保证天然营养，又增加糯米饭风味。

营养解析：

酸奶中的乳酸可促进胃酸分泌，杧果中的蛋白酶可促进蛋白质消化。

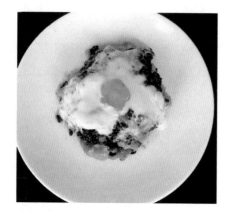

图 3-2-11　紫糯米杧果饭

3. 西柚红豆牛奶汤：不加蔗糖的甜品更健康

食材：

100 g 红豆、15 颗枸杞、10 g 奶粉、1 个西柚。

关键步骤：

①将红豆清洗干净后，浸泡半小时。

②将枸杞洗净备用。

③将红豆和枸杞放电饭锅中，按下煮粥相关功能键即可。

④待红豆熬"开花"后盛出，碗中加奶粉搅拌均匀。

⑤待红豆汤冷却至 40 ℃左右时，放入西柚片即可食用。

营养解析：

这款甜品富含 VC、番茄红素、蛋白质与钙元素，产后常食用，可缓解视力疲劳及肌肉无力感。

图 3-2-12　西柚红豆牛奶汤

第三节　不吃肉与蛋，减肥更困难

一、明明吃饱了却一会就饿，也许是你吃得太素了

为了恢复孕前体型，小丽不吃肉与蛋，不喝牛奶，每天靠水煮青菜、白米饭和水果度日。可是，饭后不到一个小时她就饿了。一会儿吃一块小面包，过会儿又吃一个苹果，嘴巴不停却总觉得饿。终于熬到午饭时间，狼吞虎咽后，她又恨自己嘴馋。于是晚饭时减饭量，可夜间喂奶后肚子饿得快呀，她常常半夜爬起来吃东西。如此恶性循环，不见肥肉减，只见人憔悴。

图 3-3-1　肉蛋类

饥饿感就像弹簧，按得越紧，弹得越凶。只有吃能增强饱腹感的食物，才不会在饥饿感的驱使下疯狂觅食。胃消化低脂纯素的食物，约需 2 个小时，所

以饿得快。而餐后 2 个小时，脂肪仅被消化 24%~41%；餐后 4 个小时，约被消化 53%~71%；餐后 12 小时才会被完全消化。未消化的脂肪裹在食糜中，通过延长胃排空的时间，增加饱腹感。若你常常被无法抑制的饥饿感袭击，不妨检查自己的餐桌是否太过寡淡。

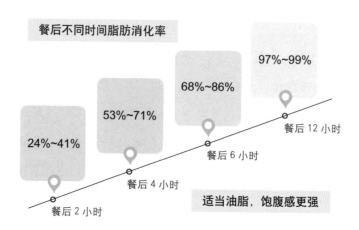

资料来源：《中国居民膳食营养素参考摄入量（2013 版）》（2019 年出版）

图 3-3-2　不同营养素消化时间

膳食脂肪来自两大方面：一方面来自烹饪油；另一方面来自肉蛋奶。若膳食没有肉蛋奶等动物食品，减肥会更困难。当然，肉蛋奶过量也会能量超标。如果我们与肉蛋奶达成默契，制订合适的数值，既满足蛋白质需要量与饱腹感，又不增加脂肪，岂不是两全其美吗？

二、与其每天吃 8 个蛋，不如一天吃 1 个

鸡蛋是荤还是素呢？从生物学属性分析，蛋类属于大素。养一只鸡可获得多枚鸡蛋，而鸡肉吃完了就得重新买只鸡。在贫穷年代，人们没钱天天买鸡，就依靠鸡蛋补身体。所以，坐月子每天吃八九个鸡蛋成为常态。而如今，产妇

每天既吃肉又吃大量鸡蛋的话，就会营养过剩。

从营养角度分析，蛋类属于小荤，蛋类的蛋白质及锌含量与肉类相当，但是铁含量及利用率低于肉类，完全用蛋类代替肉，会引起产后缺铁性贫血，导致脸色蜡黄、头昏。另外，鸡蛋中钙含量低，用它代替牛奶，易引起产后缺钙及关节疼痛、肌肉酸胀。

与其每天吃 8 个蛋作为全部优质蛋白质来源，不如全面补充肉蛋奶，每天只吃 1 个蛋，让营养更全面。

1. 哺乳期适合食用哪一种蛋

鸡蛋、鸭蛋、鹅蛋等蛋类，哪一种更适合哺乳期呢？不同蛋类形态与口感略有差异，但同等重量下，营养价值相当。因此，无论哪种蛋，都是哺乳期进补的优选。

2. 哺乳期应该吃多少蛋

根据《中国居民膳食指南》2016 版推荐，乳母每天应食用 50 g 蛋，约一个鸡蛋大小。不同蛋的重量各异，因此，选蛋不看个数而看克数。50 g 相当于 5 个鹌鹑蛋或鸽子蛋，半个鹅蛋或者 2/3 个鸭蛋等。若肉和奶类摄入较少，可增加蛋类数量。

3. 什么样的蛋类最营养

新鲜蛋类营养价值相当，而经过不同的方式烹饪后，其营养价值差异明显。煎炸的蛋类，脂肪含量高易导致肥胖；咸蛋，钠含量高，会增加患高血压的风险，而且母乳钠含量高，会让宝宝因口渴而哭闹；生鸡蛋细菌超标。用低温、少油、少盐的方式，做水煮蛋、蛋花汤、蛋羹等，就是最利于乳母减肥及宝宝健康的营养吃法。

三、如何吃蛋，更营养美味

1. 水煮蛋、蒸蛋或蛋花汤

秋葵蒸蛋

食材：

50 g 鸡蛋、20 g 秋葵、10 g 胡萝卜、80 mL 开水。

关键步骤：

①倒半杯开水，放凉。

②将秋葵切片、胡萝卜切丁备用。

③将鸡蛋打入温水中，加少许盐快速搅拌，用滤网去除泡沫，鸡蛋更细腻。

④将秋葵、胡萝卜丁放入鸡蛋液中。

⑤将鸡蛋液放笼屉中，蒸8分钟，加少许芝麻油、生抽即可。

营养解析：

•蒸蛋嫩滑且用油量少，所含维生素不易被破坏。蛋蔬结合，可提高蛋白质整体利用率。

图 3-3-3　秋葵蒸蛋

2. 蛋炒菜

家喻户晓的西红柿炒蛋，是一款当之无愧的国民菜肴。其实，鸡蛋可与多款蔬菜搭配，让蔬菜拥有蛋香味，如丝瓜炒蛋、青椒炒蛋、洋葱炒蛋等。

芹菜叶炒蛋

食材：

50 g 芹菜叶、30 g 红辣椒、100 g 鸡蛋、少许油盐。

关键步骤：

①把芹菜叶和红辣椒切成末状，打入2个鸡蛋，撒少许盐、鸡精搅拌均匀。

②平底锅烧热，倒入少许油，油热后倒入蛋液。

③蛋液凝固后，翻面继续炒至蛋液定型，随后用锅铲将其分成小块状装盘。

营养解析：

• 芹菜叶所含的 VC、钙和类胡萝卜素等营养素，远高于芹菜茎。

• 吃芹菜茎而把叶子丢掉，就像只留下钻石项链的链子，而把钻石丢掉一样可惜。用芹菜叶炒鸡蛋，二者将碰撞出特别的鲜味，高蛋白的鸡蛋遇上高钙、高 VC、高类胡萝卜素的芹菜叶，堪比一杯内含大果粒的高钙奶。

图 3-3-4　芹菜叶炒蛋

3. 鸡蛋饼、蛋炒饭或炒粉炒面

葱花鸡蛋饼

食材：

50 g 鸡蛋、30 g 面粉、1 根小葱。

关键步骤：

①切葱花，备用。

②将鸡蛋打散，搅拌均匀。

③筛入 30 g 面粉、加少许盐，按顺时针方向，搅拌成泥糊状。

④平底锅抹油，小火烧热后，倒入面糊，待面糊凝固后翻面。

⑤继续煎至两面微黄即可。

营养解析：

葱花鸡蛋饼是一款高蛋白的早餐主食，也可用于加餐。

图 3-3-5　葱花鸡蛋饼

四、乳母常常吃水产，宝宝聪明，妈妈瘦

一位学员问我，为什么她喝了冷排骨汤就拉肚子，而吃鱼冻（鱼汤冷却后像果冻一样的胶状物）却安然无恙。因为猪肉中脂肪的熔点高于人类体温，需要加热后才易被消化，所以食用冷畜肉或者油脂易腹泻。而鱼油的熔点低于人类体温，且蛋白质纤维短更易于消化，不易腹泻。

与猪牛羊肉相比，鱼虾及贝类脂肪含量低，脂肪酸更容易代谢，利于乳母保持心脑血管健康。水产富含的不饱和脂肪酸，是身体合成神经系统、视网膜与细胞膜的重要物质，是宝宝智能发育必需的原材料。

根据《中国居民膳食指南》推荐，乳母每天的肉类应一半来自畜禽，一半来自水产，平均每天各摄入 75~100 g。

1. 虾类瘦哺营养餐示范：丝瓜白玉菇虾仁汤

食材：

100 g 基围虾、50 g 丝瓜、50 g 白玉菇、50 g 鸡蛋、少许油盐。

关键步骤：

①丝瓜削皮，切成滚刀块；白玉菇洗干净后，切成两段；基围虾去虾线后，去虾壳和虾头。

②平底锅烧热后倒油，油热后放姜蒜末爆香，再倒入丝瓜爆炒，炒出汤汁后加少许盐。

③把虾壳和虾头放到沸水锅中熬虾汤。捞出虾壳与虾头后，把丝瓜、虾肉、白玉菇放到汤中煮 1 分钟。

④将鸡蛋打成蛋液淋入丝瓜汤中，加少许盐、植物油和葱花，即可出锅。

图 3-3-6　丝瓜白玉菇虾仁汤

营养解析：

清淡的河虾就像动物里的运动健将，脂肪含量比最瘦的里脊肉还要低，而钙含量明显高于畜禽类。

2. 鱼类瘦哺营养餐示范：西红柿鱼汤

食材：

一个西红柿、200 g 鲤鱼块、少许荆芥调味。

关键步骤：

①把西红柿放沸水中烫 1 分钟，出现裂口后去皮，切成小块备用。

②鱼块中加淀粉、生抽和料酒搅拌均匀。

③炒锅加热后倒油，大火翻炒西红柿块，出汁后倒入开水再次煮至沸腾。

④把鱼块放到西红柿汤锅中大火煮 1 分钟后，加少许盐、植物油、荆芥等，出锅。

营养解析：

• 用西红柿烹饪鱼块、牛腩和肉片等，不会增加脂肪含量。

• 缺点是，过度烹饪后西红柿中 VC 损失较多，当天可多食用鲜枣、猕猴桃、橙子等高 VC 水果。

图 3-3-7　西红柿鱼汤

3. 贝类瘦哺营养餐示范：双椒炒花蛤

食材：

500 g 花蛤、30 g 红椒、30 g 青椒、少许油盐和姜蒜。

关键步骤：

①将花蛤清洗干净后，放锅中煮

至嘴巴张开，捞出后再冲洗两遍。

②将青红椒切块备用。

③锅中放油烧至八成热，放姜蒜爆香后，加花蛤爆炒。

④加青红椒继续翻炒，再加少许

盐、鸡精，炒熟后即可出锅。

营养解析：

• 花蛤是脂肪含量仅 0.3% 的活体蛋白质，不仅铁含量为猪肉的 10 倍、猪肝的 1.5 倍左右，而且 VA 含量低，无长期食用而引起 VA 过量的风险，堪称一道完美的低脂补充蛋白质与补血的美食佳品，每周可食用一两次。若选择生蚝、蛏子等贝类水产，也具有类似功效。

操作提示：

若乳母对贝类水产过敏，应规避食用所有贝类食品，通过其他途径补充蛋白质与铁。

图 3-3-8　双椒炒花蛤

五、嫌肥爱瘦的瘦哺食谱，只增奶量

月嫂周丽群曾服务过一位护士妈妈，即便产后体重超过 85 kg，她也表示不需要减肥，因其孕前由于节食减肥而得过胃病，对减肥心有余悸。她以为减肥就要节食不能吃肉，当看到减肥月子餐有荤有素，比自己平时饮食还丰富时，才放心。满月时，她不仅没胖，反而瘦了 11 kg，体力和气色都更胜从前。

周丽群不选肉眼可见的肥肉，只选瘦肉，这相当于选择了"抽脂"的肉，而蛋白质、铁锌等营养素丝毫不减少。这就是乳母只减脂肪不减营养与奶量的奥秘。

1. 莲藕黄花菜炖鸡块

食材：

150 g 鸡块、10 g 干黄花菜、50 g 莲藕、少许枸杞、姜、葱白。

关键步骤：

①将黄花菜清洗干净后泡软，去掉硬梗；莲藕、鸡肉和葱白切块；生

姜切成丝、枸杞洗干净备用。

②把除枸杞外的所有食材，放到锅里，加冷水清炖一小时。

③加盐和枸杞，再炖5分钟，就可以出锅了。

营养解析:

• 鸡肉肉质细腻，汤汁鲜美。其脂肪酸结构类似于橄榄油，可预防心脑血管疾病。

• 干黄花菜和莲藕富含膳食纤维，可避免因食用肉食而便秘。

• 这道营养餐富含维生素 B 族，可促进肠胃蠕动、助消化。

图 3-3-9　莲藕黄花菜炖鸡块

2. 韭菜薹炒猪肝

食材:

80 g 猪肝、100 g 韭菜薹、10 颗枸杞子，适量料酒、耗油、盐。

关键步骤:

①猪肝洗净切片，韭菜苔洗净切断。

②将猪肝片用适量料酒腌制10分钟。

③锅内加适量的水烧开，将腌制好的猪肝片倒入锅中，水开即可。

④焯烫好的猪肝过凉水，装入盘子备用。

⑤另起锅烧热，倒入适量油，烧至五成热，然后下入猪肝翻炒，继续加入切好的菜薹翻炒均匀，然后加入耗油适量，盐少许，炒匀即可出锅装盘。

图 3-3-10　韭菜薹炒猪肝

(母婴营养师贡玉连制作及摄影)

营养解析：

猪肝的铁含量约为猪瘦肉的 5 倍。然而，每 100 g 猪肝所含 VA 可满足哺乳期 3 天所需，过量摄入易在肝脏蓄积而引起中毒。所以，哺乳期每周猪肝食用量不超过 85 g，应分 2~3 次食用。

3. 牛肉荞麦面

食材：

100 g 荞麦面条、50 g 白面条、100 g 自制卤牛肉、100 g 西红柿、50 g 小白菜。

关键步骤：

①把西红柿和卤牛肉切成片，小白菜洗净，姜蒜切成末备用。

②锅中放油烧至七成热，放姜蒜末爆香，倒入西红柿，炒至出汁后加少许盐和葱花，盛出备用。

③沸水中下面条，煮沸后把小白菜放进去烫软，再加少许油盐调味。

④将面条盛入已炒熟的西红柿中，摆上卤牛肉，美味牛肉荞麦面就做好了。

营养解析：

•荞麦面和牛肉让人饱腹感更强，并保证了母乳中 VB、锌等营养素含量。

图 3-3-11　牛肉荞麦面

第四节　大豆类与奶类，是天然的蛋白粉与钙库

一、大豆是加钙的蛋、低脂的肉，乳母不可少

1. 爱吃豆腐人多福，钙与蛋白质充足

图 3-4-1　大豆类示意图

小李在健身教练的指导下，每天吃 5 个鸡蛋白，蛋黄被白白浪费了。其实，她可以用香干等豆制品代替鸡蛋白。香干所含的蛋白质，与鸡蛋白相当，它们同样具备低脂肪、零胆固醇的优势。而且，等量豆腐的钙含量是鸡蛋白的 10 倍左右，就像加了钙的鸡蛋白。

大豆类，指以干黄豆、黑豆和大青豆为原料生产的豆浆、豆粉、豆腐、千张等食物。豆制品蛋白质含量与肉相当，因此有"素肉"之称，而其脂肪含量低于肉类，例如南豆腐的脂肪含量仅为猪瘦肉的 60% 左右。豆制品，就像脱去脂肪与胆固醇的瘦肉。

高钙、高蛋白、低脂、零胆固醇的特质，让豆制品成为饱腹感强的减重增肌明星。让乳母体重下降的同时，皮肤就像撑开的气球一样，紧致而富有弹性。

豆制品虽好，也不能贪多。首先，由于豆制品中铁与锌含量低，若用它替代肉食，将增加产后贫血的概率。其次，过度摄入豆制品，会增加嘌呤摄入量，不利于尿酸高及痛风的产妇。因此，平均每天摄入 25 g（以干大豆计）左右为宜。

二、私藏豆制品食谱，不胀气，比肉还好吃

1. 茄汁豆腐

食材：

100 g 南豆腐、1 个鸡蛋、100 g 西红柿，小葱适量。

关键步骤：

①把鸡蛋打入碗中，搅拌均匀，豆腐切成块状，西红柿切碎备用。

②半碗清水，加适量淀粉、生抽、白糖调成水淀粉。

③把切好的豆腐块放到蛋液中，均匀地裹上蛋液。

④平底锅烧热后，倒入菜籽油。将裹满蛋液的豆腐块放到锅中，小火煎至两面金黄，盛出备用。

⑤再起油锅把切碎的西红柿放入锅里，加盐和十三香，中大火炒到出汁，加入煎好的豆腐块翻炒，然后倒入水淀粉勾芡。

⑥慢炖片刻，还剩少许汤汁时就可以关火了。

营养解析：

•这道菜既是产后食欲不振、缺钙及肌肉松弛的美味补品，也是所有家庭成员的强身健骨佳肴。

图 3-4-2　茄汁豆腐

2. 南瓜豆腐汤

食材：

100 g 板栗南瓜、100 g 内酯豆腐、10 g 奶酪片、15 g 西蓝花。

关键步骤：

①将板栗南瓜洗净切块，大火蒸30分钟。同时，把内酯豆腐放开水中浸泡 5 分钟，捞出备用。

②用料理机把熟南瓜打成泥糊状倒进锅里，再加温开水、盐、奶酪片煮至沸腾。

③加入内酯豆腐和西蓝花，煮开即可。

营养解析：

南瓜中丰富的叶黄素可保护眼睛黄斑区，减少视疲劳；高蛋白的内酯豆腐，可促进伤口愈合，即使产后第1周也无消化压力。

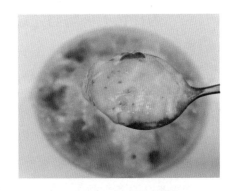

图 3-4-3　南瓜豆腐汤

3. 小白菜炒千张

食材：

100 g 小白菜、150 g 千张。

关键步骤：

①将洗干净的千张卷成毛巾卷，小白菜洗干净备用。

②锅中加水烧开后，加少许油盐，放千张卷和小白菜焯烫两分钟后捞出。

③将玉米淀粉和水按照1:4的比例调成水淀粉，加盐、生抽拌匀。

④平底锅烧热，加油后，放姜蒜末爆香，倒入小白菜和千张翻炒，边炒边淋入水淀粉，约1分钟后关火。

营养解析：

•千张又名千金豆腐，它的钙及蛋白质含量让它成为豆制品中的"模范生"。

•小白菜的营养价值相当于蔬菜中的牛奶。其钙含量与吸收利用率都与牛奶不相上下，且富含可舒缓神经的钾、镁、VB等营养素。

•这款营养餐堪称养神、助眠的补钙"双娇"。

图 3-4-4　小白菜炒千张

三、为什么天天喝奶还缺钙？因为你喝的"奶"里奶不足

乳母每天饮用 300~500 mL 牛羊奶的蛋白质含量，与 50~100 g 瘦肉相当，也可以满足乳母全天 30%~50% 钙的需求。补钙与蛋白质，是乳母选用牛羊奶的主要目的。

然而，有的乳母每天喝奶，依然明显缺钙。这是因为部分产品中奶含量很少，或者仅用奶味香精调制。如何选择牛羊奶呢？一看名称，二看蛋白质含量，三看配料表。如果你想选择可以减肥的牛奶，还需要看脂肪含量。

1. 一看名称，选奶不选奶饮料

例如，图 3-4-5 为某品牌"AD 钙奶饮料"，其中奶含量低于 30%，钙与蛋白质含量也随之降低。

图 3-4-5　AD 钙奶饮料

奶饮料的本质是饮料，其包装和名称会出现"奶"或者"乳"字，而它的真实身份是低奶量、高糖分饮料。用乳饮料代替奶制品，不仅不能补钙，还会越补越虚胖。买奶制品，不选择带"饮料"二字的，无论宣传多么"高大上"。

2. 二看蛋白质含量，应在 2.5 g/100 mL 以上

根据《乳品安全国家标准》的规定，每 100 mL 纯牛奶或者鲜奶中，蛋白质含量应该在 2.8 g 以上，调制乳应在 2.5 g 以上。低于此数值，补钙和蛋白质的效果就会打折扣。逛超市时，不妨留意一下那些奶饮料，蛋白质含量是否更低呢？

3.三看配料表,配料越少越好

通过配料表可看到食品由哪些原料加工而成。配料表越简单,说明含奶量越高。

图 3-4-6　风味发酵乳配料表

这是一款调制乳,含奶量达90%,其余10%为额外添加的糖、食品添加剂等成分。

图 3-4-7　纯牛奶配料表

这款牛奶的配料表中仅有生牛乳,未添加任何食品添加剂及其他成分。

　　选择牛奶,配料表越简单越好。若仅仅由生牛羊乳经过杀菌或灭菌加工,其营养素含量与牛羊乳最接近,能保证补钙和蛋白质的要求。

4.四看脂肪含量,体重超标较多者选择低脂与脱脂牛奶

若你想更快瘦身,又不影响奶量及母乳质量,可选择低脂或脱脂牛奶。以脱脂牛奶为例:首先,配料仅为生牛羊乳或者复原乳最佳;其次,看蛋白质含量,每 100 mL 应在 2.8 g 以上,这样钙含量也有保障;最后看脂肪含量,

每 100 mL 脂肪含量为 0 g，就是脱脂牛奶，每 100 mL 脂肪含量为 1.5 g，就是低脂牛奶。

这款脱脂牛奶，脂肪含量为零。喝两瓶，等于一瓶纯牛奶的能量。

图 3-4-8　脱脂牛奶营养成分表

四、牛奶这样喝，厨房变成甜品站，营养又解馋

纯牛奶虽然健康，但口感略逊一筹；各种风味奶固然好喝，却能量超标。当纯牛奶搭配天然甜食，就能在家自制奶味甜饮料。

1. 果粒纯牛奶

把新鲜水果切块，加入牛奶中，就能让清淡的纯牛奶如果汁般甜美。水果所含的 VC 和果酸，可促进牛奶中钙的吸收。这是 1+1>2 的组合。

牛奶宜在常温或 45 ℃时再加果粒，若高温时加入果酸高的橙子、猕猴桃等水果，将因糖分分解、水果酸味提升而影响口感。

果粒脱脂牛奶

食材：

20 g 脱脂奶粉、200 mL 温水、50 g 西瓜、10 g 猕猴桃。

关键步骤：

①倒 200 mL 温水，加 20 g 脱脂奶

粉，搅拌均匀。

②西瓜和猕猴桃切成薄片。

③待牛奶冷却后加水果片即可。

营养解析：

• 与纯牛奶相比，脱脂牛奶中钙

118

与蛋白质分毫不减，而脂肪却全部撤退。若每天饮用 300~500 mL 奶，仅仅将纯牛奶换成脱脂牛奶，能量值就下降了一半。

图 3-4-9　果粒脱脂牛奶

2. 果粒酸奶及酸奶水果沙拉

既可将水果颗粒加入酸奶中，也可将酸奶淋在水果颗粒上，方法任你选。

水果酸奶杯

食材：

200 mL 原味酸奶、50 g 西瓜、50 g 杧果、30 g 猕猴桃。

关键步骤：

①将西瓜、杧果和猕猴桃切块备用。

②杯中倒入 1/3 酸奶后，沿杯子内侧铺一层西瓜块。

③加酸奶至杯子 2/3 处时，铺一层杧果块。

④加酸奶至 3/4 处时，依次摆上西瓜、杧果、猕猴桃即可。

营养解析：

• 酸奶中的部分乳糖已转化为乳酸，喝纯牛奶后就腹胀、腹泻的人可放心饮用酸奶。

• 乳酸和水果中的 VC 可促进酸奶中的钙与蛋白质吸收，预防产后肌肉酸胀与关节疼痛。

• 水果所含的植物活性成分可抗氧化。

• 这款水果酸奶杯操作简单、酸甜可口、水分充足，是产后加餐的好选择。

图 3-4-10　水果酸奶杯

若一人食，选择一种水果即可，避免多种水果切开后无法一次性吃完而浪费。若多人食，可多选几种水果做出多份水果酸奶杯，或将酸奶淋在水果块上自制水果沙拉。

3. 奶酪美食

奶酪被称作植物酸奶。家中有烤箱，可用它做焗饭、焗菜、比萨等。家中无烤箱，也可将奶酪加入汤中煮奶酪蔬菜汤，或者做奶酪煎饼等。

黄金玉米酪

食材：

200 g 玉米、30 g 奶酪、10 g 糖。

关键步骤：

①将玉米煮熟后，切下玉米粒备用。

②盆中放 100 mL 清水、30 g 玉米淀粉、10 g 白砂糖，加熟玉米粒搅成糊。

③平底锅抹油，倒入玉米糊，上面铺一层奶酪。

④煎 2 分钟后，沿四周倒 30 mL 水，盖上锅盖。

⑤5 分钟后开锅，即可吃到美味的黄金玉米酪了。

营养解析：

• 奶酪高钙、高蛋白、高能量。黄金玉米酪用油量减少 80%，口感提升一倍。这是一道高营养杂粮点心。

• 此法可用于烹饪多款杂粮与水果饼，饱腹感强，并兼具润肠通便、补钙明目之功效。

图 3-4-11　黄金玉米酪

4.果蔬奶昔

在牛羊奶中加入水果，蒸熟的红薯或南瓜等天然甜味食品，用料理机打成糊状即可制成果蔬奶昔，如图3-4-12所示。果蔬奶昔的颜色就像花瓣一样，满足你养生、养心的需要。

制作奶昔优选南瓜与红薯等。因水果在加工中，脆弱的 VC 和类胡萝卜素易氧化。因此，将 VC 含量较低的南瓜、红薯等蒸熟后再制作果昔更适宜。

图 3-4-12　紫薯酸奶

豆腐和牛羊奶就像食物界的白富美，因富含钙、蛋白质而备受营养师推崇。然而，它们在常规月子餐中并未被充分重视。有一些高价月子会所，其食谱中也鲜少见到牛奶和豆腐的身影。因此，中国女性产后出现腰酸、背痛、牙齿酸痛的现象更常见。所以，常食豆腐与牛羊奶，才能真正健康美丽。

第四章

月子餐搭配与示范

哺乳期进补，是一种以泌乳量周期性变化为依据，动态增加营养补充量的配餐艺术。我将哺乳期进补分为 7 个阶段（见图 4-1-1），从月子期稳步递增，产后 2~6 月达到进补高峰，宝宝添加辅食后乳母进补逐步减量，直到离乳后回归普通餐。

本章以泌乳量为线索，同步安排瘦哺餐，并为你详述离乳后，回归饮食常态的瘦身方案。让你不仅当一阵子母乳辣妈，更是一辈子的魅力妈妈。

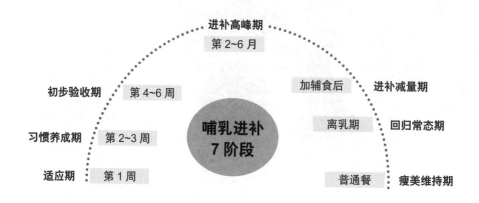

图 4-1-1 哺乳期进补 7 阶段

第一节　用好三个工具，搭配瘦哺餐

乳母每天应该吃什么？应该吃几顿？每顿该吃多少？这是产后营养调理的三大难题。为帮助你攻克它们，本节为你提供三个工具：一套五星级食材选购清单，照着买，营养不缺乏；一个三明治式餐次安排法，三次正餐与三次加餐，主次分明；一张"油"字瘦哺模型，每餐各类食物该吃多少，一目了然。用好这三个工具，你也能像专业营养师一样，安排瘦哺营养餐。

一、哺乳期吃什么？给你一套五星级食材选购清单

1. 不偏科的孩子才能考高分，不偏食的乳母方可营养好

宝妈们经常问我："吃什么才能母乳足、孩子体质好？需要多囤点海参、燕窝吗？"其实，就像学生只有一门成绩好，无法考上名校，需要各个学科齐头并进一样。产后进补也不能依靠单一的明星食材，你需要五大类、十小类食材，才能乳多人瘦宝宝壮。

2. 测一测，你的食材可得几颗星

你还记得吗？在第一章第一节中，我介绍了营养界将食物分为五大类，分别是谷薯类、果蔬类、肉蛋类、奶豆类和油脂类。五星级食材选购清单，就是要让每天的餐桌上都能出现这五类食物，因为它们将带来最齐全的七大营养素。接下来，请你参照表 4-1-1，给你的食材打分。全天每出现一类食材

得半颗星，看看你的餐桌有几颗星？

表4-1-1　乳母五星级食材清单自检表

乳母五星级食材清单自检表		
五大类食材	核心营养素	每出现一类得半颗星
谷类+薯类	糖类、膳食纤维、VB	
水果+蔬菜	钙、VC、VB、类胡萝卜素、钾、镁、膳食纤维等	
肉类+蛋类	蛋白质、铁、锌、VB等	
奶类+大豆类	蛋白质、钙	
食用油+坚果种子类	脂肪、VE等	
合计星数		

乳母五星级食材清单自检表结果

1~3颗星：差，营养不良风险高。因食材种类匮乏造成部分营养素缺乏，从而影响乳母生理功能和乳汁质量。

3~4颗星：良，部分营养素缺乏，可通过食材调配而达到均衡。

4颗星以上：优，营养素种类齐全，乳母与宝宝的健康较有保障。

南京医科大学公共卫生学院调查发现：我国女性在坐月子期间，牛奶食用率仅有27.6%，66.5%的产妇未吃蔬菜，72.4%的新妈妈被禁食水果；鸡蛋、红糖、猪蹄等食材被广泛选用。由此可见，牛奶、果蔬食用量低，糖分和油脂摄入量超标是我国女性坐月子期间的普遍现象。

每一大类食物缺席，都带走一系列营养素。例如：将果蔬拒之门外，宝妈离便秘、肥胖就不远了；奶豆和蔬菜是钙的仓库，与它们"失联"后，抽筋、骨骼酸痛及失眠多梦便很容易找到你；为减肥而拒绝肉蛋，你就会出现皮肤松垮、脸色蜡黄的憔悴模样。产后调养要取得高分，五大类食材齐全是关键。

3. 不知道该买什么，这份五星级食材选购清单请收藏

（1）谷薯类：杂粮"三分天下"，减体重、增奶量

表 4-1-2　哺乳期宜选粮谷类食材清单

分类	哺乳期宜选粮谷类食材清单
精细米面	原料：小麦面粉、小麦面条、全麦面条、意大利面、大米、米粉、乌冬面等。 成品：馒头、包子、花卷、发糕、粥、米饭、米粉、面条、面包等。
全谷物	玉米、小米、燕麦、藜麦、荞麦、薏米、紫糯米、糙米、红米、黑米等。
杂豆	红豆、绿豆、芸豆、鹰嘴豆、蚕豆、白芸豆等。
薯类	原料：红薯、紫薯、土豆、山药、芋头等。 成品：红薯粉丝、土豆粉丝、豌豆粉等。
搭配	全谷＋杂豆＋薯类，占全天主食 1/3 左右即可。

（2）果蔬类：新鲜、多彩、富含水分是选购果蔬金标准

表 4-1-3　哺乳期宜选果蔬类食材清单

名称	哺乳期宜选果蔬类食材清单
蔬菜	深绿色食材：小白菜、西蓝花、菠菜、荠菜、芥蓝、空心菜、韭菜、莴苣、青椒、青萝卜、豆角、四季豆、荷兰豆、苋菜等。 橘黄色食材：胡萝卜、南瓜、黄色彩椒、黄花菜、黄豆芽、韭黄、娃娃菜等。 其他深色菜：紫甘蓝、红甜椒、西红柿、红苋菜、樱桃萝卜等。
水果	橙子、橘子、杧果、木瓜、猕猴桃、草莓、樱桃、鲜枣、西瓜、哈密瓜等。

（3）肉蛋类：每天"水陆"俱全，再加 50 g 蛋

表 4-1-4　哺乳期宜选肉蛋类食材清单

品种		哺乳期宜选肉蛋类食材清单
肉类	畜肉	猪里脊肉、猪瘦肉、瘦牛肉、牛腩、瘦羊肉、猪排、牛排、羊排等。
	禽肉	鸡肉、鸭肉、鹅肉、鹌鹑肉、鸽子肉等。
	水产	鲫鱼、鲤鱼、大小黄鱼、鲈鱼、鲢鱼、带鱼、基围虾、河虾、扇贝、生蚝、鳕鱼、鲍鱼等。
蛋类		鸡蛋、鸭蛋、鹅蛋、鹌鹑蛋、鸽子蛋等。

（4）奶豆类：天天喝奶，常常吃豆；如若不然，钙片来凑

表 4-1-5　哺乳期宜选奶豆类食材清单

种类	哺乳期宜选奶豆类食材清单
奶类	纯牛羊奶、鲜牛羊奶、原味酸奶、奶酪、奶粉、脱脂牛奶、低脂牛奶等。
大豆类	内酯豆腐、南豆腐、北豆腐、千张、香干、腐竹、豆浆等。

（5）油脂：保持安全距离，不超标

表 4-1-6　哺乳期宜选油脂类食材清单

品种	哺乳期宜选油脂类食材清单
食用油	橄榄油、茶油、双低菜籽油、亚麻油、葵花籽油、玉米油、大豆油、芝麻油、核桃油等。
坚果	核桃、松子、花生、碧根果、开心果、葵花籽、榛子、杏仁等。

以上几张表，展示了各品类的部分代表食材。由于同类食物的营养相当，在生活中应秉承"种类齐全、同类互换"的原则，可随机选择当地应季的新鲜食材替换，例如用红薯代替紫薯，用小白菜代替荠菜，用苹果代替梨，用羊奶代替牛奶，等等。

二、餐次多、吃不胖的奥秘，就在三明治式餐次安排法里

听说坐月子要多吃点，小李除了三顿正餐之外，加餐也很丰盛：上午10点左右，喝下一大碗鲫鱼豆腐汤；下午三点半，吃下一碗红糖鸡蛋（一大勺红糖、3个鸡蛋）；临睡前，还有一碗鸡汤面。这样吃，母乳固然充足，但看着越来越厚的肚皮，她怎么都开心不起来。

1．三明治式餐次安排法

乳母加餐，并非多吃三顿饭，而是在正餐之后加"点心"，以正餐为主、加餐为辅，就像三明治中面包与小菜的关系一样。实行三餐三点制，乳母在两餐之间吃一点，既能抑制两餐之间的饥饿感，又可保证泌乳量。

三明治式餐次安排法

- 方法：三次正餐＋三次加餐
- 宗旨：加餐不加量。
- 特点：正餐为主，加餐为辅。
- 意义：少食多餐，稳住饥饿感。
- 收获：满足宝宝多餐次需求。

图 4-1-2　三明治式餐次安排法

2．遵循以下四个原则，加餐不再是负担

（1）加餐与正餐间隔2小时左右为宜

两次正餐间隔4~6小时，乳母在两餐的中点加餐，利于形成规律的饮食习惯。

（2）加餐应搭配流食、半流食

乳母选择低能量的流食、半流食及其他含水量高的食物加餐，才能保证月子期每天8~12次的泌乳量。例如牛奶、豆浆、速溶燕麦、水果等。

（3）少量

加餐量占总能量 10% 左右即可。过少，无法延迟饥饿感；过多，体重易超标。

（4）加餐应方便、快捷、轻烹饪

三餐三点制，应持续整个哺乳期。只有像吃零食一样便捷，才可持续执行。可直接食用的水果、坚果、全麦面包；冲泡即可享用的杂粮粉、麦片、奶粉；蒸煮后就可以食用的饺子、汤圆、蛋羹、豆花等。

适时、高水分、少量和便捷是乳母加餐四原则，可让你的哺乳期饮食健康有序。

乳母加餐四原则

- 适时：与正餐间隔 2 小时左右。
- 多汁：宜选流食、半流食。
- 少量：加餐量不宜超过正餐 1/4，属健康"零食"。
- 简易：轻烹饪或无烹饪，易操作。

图 4-1-3　乳母加餐四原则

三、搭配"油"字瘦哺模型，你就是营养师

如何将采购的五星级食材以"三明治"的形式，安排到三餐三点中呢？经过大量教学、咨询及自己哺乳两个宝宝，在长达 1000 多天的实践中，我总结了一个极简的"油"字瘦哺模型。掌握它，每一餐都是五星级的均衡月子餐。

这个"油"字瘦哺模型依据"中国哺乳期妇女平衡膳食宝塔"而设计，以食物的生重、可食部分计算，乳母平均每天应食用 300~350 g 谷薯类、200~400 g 水果类、400~500 g 蔬菜类、200~250 g 肉蛋类、300~500 mL 奶类、25 g 大豆

类、10 g 坚果、25~30 mL 烹饪油，且全天用盐量不超过 6 g。以此为依据制作全天瘦哺餐后，我总结了每餐各类食物的分量，找到了可复制操作的规律，以图 4-1-4 "油" 字瘦哺模型展示出来。

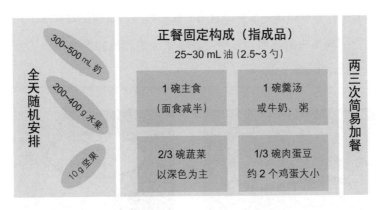

图 4-1-4 "油" 字瘦哺模型

根据食材及餐次特征，该模型分为以下 3 个方面。

1. 正餐为 "油" 字形

"油" 字形中的正餐，指烹饪后的成品，每餐约含：

- 1 碗主食：以米饭为例。由于面食能量更高，若选用面食，分量可减半。

- 2/3 碗蔬菜：以熟制蔬菜为例，约 2/3 碗。

- 1 碗羹汤：餐餐有流食，粥、荤素汤、牛奶等皆可。

- 1/3 碗肉蛋豆：合计约 2 个鸡蛋大小。此处豆类，指以黄豆、黑豆等大豆为原料生产的豆制品，如豆腐、千张等。

- 全天合计 25~30 mL 油（约 2.5~3 勺）。

2. "氵"型为免烹食材，可随机安排到加餐或正餐中

奶、水果、坚果食材数量易衡量，不用烹饪即可食用。因此，可以随机安排到三次正餐或加餐中。全天 200~400 g 水果、两三杯（300~500 mL）奶、10 g 坚果。它们不必餐餐出现，可单独食用，也可与多种食物混合食用。

"油"字模型中的容器，以中国营养学会推荐的标准碗和勺子为例（见图 4-1-5 和图 4-1-6）。

勺子最宽处是 4.6 cm，容积 10 mL

图 4-1-5 标准勺

碗口直径 10 cm

图 4-1-6 标准碗

模型中，将正餐中的主食、蔬菜、肉蛋豆等分类统计，实际进餐时，它们常常混为一体，我们只要整体把控即可。如图 4-1-7 所示。

图 4-1-7 "油"字瘦哺模型示范餐

（母婴营养师贲玉涟制作及摄影）

第 1 周月子餐，分顺产与剖宫产两种情况安排食谱，拿去就用

一、没有"下奶汤"，开奶更顺畅

1. 掌握四个泌乳原则，只要好初乳，不要"石头奶"

宝妈小雪生大宝后，乳房胀如巨石，就像不断膨胀的气球，撕扯着皮肤的神经，疼痛甚至超过分娩。若乳母因乳汁淤积引发急性乳腺炎，甚至需要动手术，那么母乳喂养也不得不按下暂停键。遭遇"石头奶"，常常会砸了宝宝的"金饭碗"。怎么做才能避免这种情况呢？

在分娩 24~48 小时以后，新妈妈会经历第一次泌乳高峰，汇聚的乳汁让乳房充盈、胀满，此阶段将持续 2~3 天。这并非不良现象，而是临床上的泌乳启动期，也称为"生理性奶胀期"，意味着"开奶"成功了。

此时的乳房，就像春运初期的火车站，若事前无准备将拥堵不堪；若提前部署，即便面对高人流，大家也能有序排队。按照"四大部署"操作，方可预防"石头奶"，不胀痛、不淤堵。

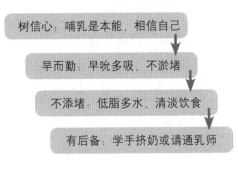

图 4-2-1 预防"石头奶"四原则

（1）**树信心：哺乳是哺乳动物的本能，相信自己会母乳充足**

其实，生理性奶胀期并非泌乳的起点。在怀孕四五个月左右，若你用手轻轻挤压乳晕，就会看到液体流出，它比牛奶稀薄、比水浓稠，这就是母乳。从这时到生理性奶胀期，被称为泌乳一期。

这时的身体，就像整装待发的部队，随时准备喂养宝宝。待胎儿娩出的信号反馈到大脑，宝宝通过哭声与吮吸，告诉妈妈自己要喝奶，如"春运"般的泌乳高峰就来临了。所以，即使是早产儿母亲，也能分泌母乳。泌乳是哺乳动物的本能，首先你要相信自己具备这项能力。

（2）**早而勤：新妈妈早喂奶，宝宝勤吮吸**

会吸的孩子有奶喝。宝宝频繁吮吸乳房，向乳母释放"我饿了"的信号，泌乳生产线才会启动。若分娩 2 个星期后，宝宝未吮吸乳房，催乳素将回归孕前水平，泌乳功能也会随之关闭。

因此，宝宝出生一个小时内，就应该哺乳了。未满月的宝宝，每天应保持 8~12 次哺乳，每次约 30 分钟。所以你会发现，产后第 1 周，醒来的宝宝绝大部分时间都在吃奶。

早开奶，泌乳量将随宝宝的吮吸而提升，并且缓慢增加，避免短期内暴增而淤堵。宝宝勤吮吸，分批吸走乳汁，可降低乳房过度肿胀的风险。经过一两天吮吸训练后，第 2~3 天面对泌乳高峰时，宝宝更有力量帮妈妈排空乳房。早开奶，勤吮吸，才能和"石头奶"说拜拜。

（3）**不添堵：低脂多水分，清淡饮食**

产后第 2 天，护士一边测体温，一边问小丽："喂母乳了吗？"小丽说："我没有母乳呀。"护士弯腰帮她轻轻按压乳晕后，乳白色的稀薄液体流了出来。小丽嘟囔道："还是只有水啊。"护士笑着告诉她："这是初乳。别看它稀薄，里面含多种天然抗体保护宝宝少生病呢，放心给宝宝喂奶吧。"听到这里，小丽悬着的一颗心才放下，在护士的指导下幸福地喂奶了。

如图 4-2-2 所示，母乳期分为三阶段：产后第 1 周分泌的乳汁，被称为初乳；第 2 周为过渡乳；第 3 周及之后分泌的乳汁较稳定，称为成熟乳。

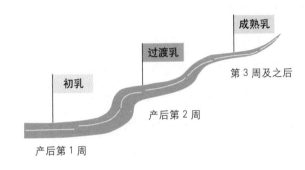

图 4-2-2　母乳期三阶段

初乳就像妈妈输送给宝宝的"健康宝箱"，其中富含免疫球蛋白，堪称天然抗生素。其中，可抑菌杀菌的溶菌酶及促进肠道益生菌繁殖的益生元，为新生儿营造了一个健康的小天地。

其实，初乳质地稀薄的特征并非劣势，反而是最大优势。新生儿的消化功能弱，且体内储存的能量可满足其出生后前三天所需，而初乳中脂肪及糖分的含量比成熟乳低，因此质地更稀薄、能量更低，更易被新生儿消化吸收。

图 4-2-3　与成熟乳相比，初乳的营养特征

低糖、低脂的初乳，保护性营养素的含量却很高。如蛋白质及游离氨基酸的含量较高，它们具有抗感染、提升免疫力的生理功能。初乳中低聚半乳糖的含量约为成熟乳的两倍，它可促进宝宝排便、排黄疸。高水平的维生素和矿物质，如卫队般守护着初到世界的小生命。

你不必因为乳汁稀薄而担心宝宝饿着，更不需要大量喝高油脂的"下奶汤"催奶。饮食过于油腻，将破坏这套完美程序。未来得及疏通的乳腺管，容易因淤堵而肿胀，娇弱的新生儿也会因消化不良而腹泻。

开奶，是泌乳素作用下的生理现象，不是喝汤催出来的。所以，产后第1周喝油腻的下奶汤，不是催奶，是添堵。你应选用低脂的鱼、瘦肉、豆、蛋等高蛋白食品促进产后修复，选用蔬菜汤、鸡蛋汤、粥等低脂高液体食物，保证初乳量。

（4）有后备：在专业人士的指导下学手挤奶或请通乳师

即使你信心满满，产后一个小时内就开始哺乳，并让家人安排了清淡营养餐，但依然要为预防"石头奶"增加一份保险：在专业人士的指导下学手挤奶或请通乳师。避免因宝宝吮吸无力或泌乳素分泌旺盛造成乳房过度充盈而奶胀如石。

- 学习母乳知识：为母乳喂养储备知识与技能，产后才会不慌不忙。
- 准备吸奶器：若乳汁供过于求，可通过吸奶器排空乳汁。
- 孕期联系专业通乳师或培训机构，学习用手挤奶的方法，这比吸奶器更温和。（需在专业人士指导下进行，避免因方法不当而引发乳腺炎等。）
- 孕后提前联系通乳师，若出现"石头奶"、乳汁淤积等现象时，可请对方协助排空乳汁。

2. 当虚弱的肠胃遇上强营养素消耗期，食谱应这样设计

(1) 奶量跟不上，竟是出汗惹的祸？供需平衡才能亲子健康

某医院对 150 名入院的健康初产妇进行研究后发现，褥汗多的产妇泌乳量减少。就像大汗淋漓的夏天，尿液会减少一样。营养流失的多，给自己和宝宝的就少了。

营养素随着分娩、褥汗及恶露大量流失，伤口修复、子宫复旧及乳汁合成又要求增加营养素供给，产妇在产后第 1 周就处于强营养素需求状态，如何平衡它与弱消化能力，是配餐重点。

图 4-2-4　哺乳期营养素需求量增加

(2) 产后营养素流失的途径

①褥汗是产后第 1 周的正常现象，随汗液流失的营养素要补充

随着褥汗流失的，除了水分，还包括溶解在其中的 VB、VC、钾、钠、钙等营养素。如果汗液顺着脸颊流经你的嘴角，你一定对这咸咸的味道不陌生，它来自汗液中的钠元素，是食盐的主要成分，肌肉缺少它会疲软无力。所以，哺乳期不能选择无盐饮食。

产褥期一定要常常喝水，食用微量营养素丰富的水果和蔬菜，才能避免因多种营养素缺乏而带来的不适与疲惫。

②排恶露是子宫复旧的自然途径，也是贫血的原因之一

孕期增厚的子宫内膜，在胎盘娩出后渐渐脱落、流血、修复，这就是排恶露。它就像加长版的生理期，大量铁、锌、VB、VA 等溶于血液的营养素随之持续流失。所以，产后易虚弱、无力、精神萎靡，如因贫血而头昏无力，因缺钙而肌肉酸痛，因缺少 VA 而眼睛干涩等。

③怀孕及分娩损耗

怀孕，就像妈妈花钱买食物和宝宝一起享用；分娩，就像妈妈要支取一部分存款给孩子当路费；而泌乳，就像妈妈每月要给远方的孩子寄生活费。怀孕及分娩，都是对妈妈健康资产的消耗。

若孕期损耗未及时弥补，随褥汗、恶露流失的营养素持续增加，那么就会动摇妈妈的健康大厦，想给宝宝"寄生活费"也无能为力了。隐藏的小问题逐渐浮出水面，"月子病"将悄然而至，奶量也会随之下降。

（3）最弱的身子扛最重的担子，产后这几项任务不能拖

①泌乳就是体力活且不能延迟

为了让宝宝吃到比黄金还宝贵的初乳，虚弱的妈妈来不及休息，就把宝宝抱到胸前哺乳，这是对体力和精神的双重消耗。而我们能做到的，是提供最佳营养，帮助虚弱的身体完成这神圣的使命。

②产后伤口愈合及子宫复旧应趁早

分娩过程中，妈妈会经历不同程度的损伤，如剖宫产伤口、侧切伤口等。伤口及时愈合，才能降低疼痛感及感染风险。而新组织修补，需要蛋白质、铁、锌、VC 等营养素。产后初期，尤其需要高营养密度的食物。

（4）当强需求遇上弱消化，遵循五大原则

产后第 1 周对营养素需求大，但此时肠胃动力不强、消化酶分泌少，若提供大量高营养物质，易引起消化不良。我们该如何既满足营养需要，又不

增加身体负担呢?

产后第 1 周的饮食，应当根据乳母的强营养素消耗、低消化能力、低食欲、低泌乳量的特点，提供"鲜、消、三高"营养餐，即鲜美、易消化，高蛋白、高维生素、高矿物质。接下来，我将遵循这五大原则，分别展示顺产和剖宫产配餐方案。

二、顺产后第 1 周食谱

1. 顺产第 1 周食谱：进补宜缓，为肠胃复苏留空间

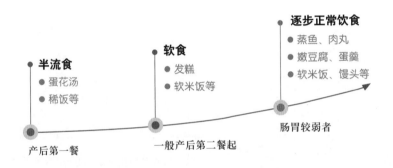

逐步正常饮食
● 蒸鱼、肉丸
● 嫩豆腐、蛋羹
● 软米饭、馒头等

软食
● 发糕
● 软米饭等

半流食
● 蛋花汤
● 稀饭等

肠胃较弱者

产后第一餐

一般产后第二餐起

图 4-2-5　顺产后第 1 周的饮食

产后第一餐，选择易消化的半流食，如蛋花汤、稀饭等；从第二餐起，可食用软食，如发糕、软米饭等，直到逐步适应正常饮食。

下文将展示乳母正常饮食后，全天配餐食材及成品图。产后第 1 周泌乳量小，可暂时不增加总能量，降低脂肪、糖类的比例，以减轻消化负担。此时，应增加易消化优质蛋白质的分量，以促进身体恢复及初乳分泌。因此，这份食谱中，主食分量略低于一般女性，而增加了猪肝、肉末等高蛋白质、高铁的肉类。

2. 顺产第 1 周食谱及食材采购清单

表 4-2-1　顺产第 1 周全天食谱示范

顺产第 1 周全天食谱示范（1800 kcal）		
餐次	食谱	食材
早餐	胡萝卜香菜猪肝饼、 红薯小米粥、 西红柿炒蛋	25 g 面粉、30 g 红薯、 25 g 小米、35 g 猪肝、 50 g 鸡蛋、30 g 胡萝卜、 10 g 香菜、80 g 西红柿
早点	雪梨红枣银耳汤	10 g 干红枣、5 g 银耳、 5 g 干枸杞、50 g 雪梨
午餐	二米饭、丝瓜蒸虾、 白灼芥蓝、芋头鸡汤、 杧果	20 g 小米、40 g 大米、 60 g 丝瓜、50 g 虾仁、 80 g 芥蓝、50 g 芋头、 100 g 杧果、10 g 白芝麻、 70 g 带骨鸡肉
午点	全麦切片面包（35 g）、 脱脂牛奶	35 g 全麦面包、200 mL 脱脂牛奶
晚餐	玉米滑肉粉丝汤、 芦笋红椒炒豆干、 百合蒸南瓜、 米饭	15 g 干粉丝、100 g 带棒玉米、 50 g 大米、10 g 干百合、 50 g 里脊肉、30 g 豆腐干、 20 g 小西红柿、30 g 芥蓝叶、 50 g 南瓜、30 g 芦笋、 30 g 红甜椒、10 g 红枣
宵夜	青提酸奶	130 mL 原味酸奶、 50 g 青提
备注	全天植物油 20 mL，食盐 6 g。	

3. 顺产第 1 周全天营养餐步骤及营养解析

(1) 早餐：红薯小米粥 + 胡萝卜香菜猪肝饼 + 西红柿炒蛋

图 4-2-6　顺产第 1 周早餐示例

食材：

25 g 面粉、30 g 红薯、25 g 小米、35 g 猪肝、50 g 鸡蛋、30 g 胡萝卜、10 g 香菜、80 g 西红柿。

关键步骤：

①一边煮粥，一边洗切西红柿、猪肝、胡萝卜等食材，让时间效益最大化。

②将猪肝焯水后，和胡萝卜、香菜一起切成末，倒入面粉、淀粉、盐、香葱、芝麻油等配料，再加适当水，顺时针搅拌成稠糊状，极简的浓香饼液就完成了。

③平底锅抹油烧热后，用勺子把饼液倒进去，开小火煎。待饼液凝固、底部微黄时，再翻面煎至底部凝固即可。

④再起一锅炒西红柿炒蛋。3 分钟后，营养丰富的早餐就上桌了。

营养解析：

• 产后乳母食欲欠佳。这一餐选择原味浓郁的食材，可促进胃酸分泌。

• 猪肝切成碎末，鸡蛋简单翻炒，让蛋白质温润易消化。

• 这一餐用食材调味，经细致的烹饪萃取铁、VB 及蛋白质等营养素，帮助产妇补气血、调肠胃。

(2) 早点：雪梨红枣银耳汤

食材：

10 g 干红枣、5 g 银耳、5 g 干枸杞、50 g 雪梨。

关键步骤：

①将银耳泡发后，撕成小朵，用温水煮 30 分钟。

②煮银耳时，清洗枸杞、红枣，并把雪梨切成块状备用。

③用厨房剪刀将红枣剪一个开口，这样会使汤汁更甜。

④银耳熬出胶后，将雪梨等配料倒进去再煮 5 分钟。

营养解析：

• 利用枸杞、红枣和雪梨的原味熬煮出淡淡香甜的汤，丰富的果胶可吸附水分增加粪便体积，预防产后初期排便困难。

图 4-2-7 顺产第 1 周早点示例

(3) 午餐：二米饭＋丝瓜蒸虾＋白灼芥蓝＋芋头鸡汤＋杧果

食材：

20 g 小米、40 g 大米、60 g 丝瓜、50 g 虾仁、80 g 芥蓝、50 g 芋头、100 g 杧果、10 g 白芝麻、70 g 带骨鸡肉。

关键步骤：

①将丝瓜去皮切成圆柱状，划十字花刀便于入味，摆到盘子里。虾仁去虾壳虾线后，用生抽、蚝油和姜蒜腌制 10 分钟后，码到丝瓜上。

②用热鸡汤、盐、蚝油调酱汁备用。把丝瓜和虾仁放到开水锅中蒸 10 分钟，出锅后倒出一部分水，再淋上酱汁（留一部分用作白灼芥蓝调味）。

③将芥蓝洗净后，切断放入鸡汤锅中，烫 1 分钟。装盘后淋酱汁并撒上白芝麻装饰。

图 4-2-8 顺产第 1 周午餐示例

④芋头鸡汤做法见 P92（这一食谱未加粉丝和胡萝卜）。

营养解析：

这一餐未用一滴烹饪油。用鸡汤烹饪另外两道菜，既省油，又让蔬菜更鲜美，这就是我钟爱的"肉汤＋拌菜＋蒸菜"的营养组合，不加油却比厚油更鲜美。此法很省时间，适合忙碌于宝宝和宝妈之间，追求高营养月子餐的月嫂和宝奶奶、外婆们。

（4）午点：全麦切片面包＋脱脂牛奶

食材：

35 g 全麦面包、200 mL 脱脂牛奶。

营养解析：

• 牛奶可以随时饮用，面包拿来就吃。这一午点便捷、水分高、量少。约午饭后 2 小时食用。

图 4-2-9　顺产第 1 周午点示例

（5）晚餐：玉米滑肉粉丝汤＋芦笋红椒炒豆干＋百合蒸南瓜＋米饭

食材：

15 g 干粉丝、100 g 带棒玉米、50 g 大米、10 g 干百合、50 g 里脊肉、30 g 豆腐干、20 g 小西红柿、30 g 芥蓝叶、50 g 南瓜、30 g 芦笋、30 g 红甜椒、10 g 红枣。

关键步骤：

①南瓜去皮后切块，摆到盘子里。干百合和红枣泡软后放到南瓜盘中，放开水锅中蒸 15 分钟。南瓜与红枣香甜，不需要额外加糖。

图 4-2-10　顺产第 1 周晚餐示例

②用生抽、鸡精和淀粉调芡汁备用。芦笋去老根后切成斜条状，红甜椒和豆腐干切成条。锅烧热后倒植物油，油热后用姜蒜爆香，把芦笋和红甜椒放入炒软，再倒入豆腐干翻炒均匀，最后倒入芡汁勾芡。

③将干粉丝泡软备用，里脊肉洗净后，用刀背均匀地捶打一遍，再切成粗条状放入碗中，用盐、生抽腌制5分钟后，把淀粉和面粉倒入碗里，均匀裹在肉条上。

④将玉米切成块状放清水锅中煮，水烧开后继续煮2分钟再放肉条，1分钟后加入粉丝，少许盐调味。2分钟后，加入芥蓝叶烫软，再撒葱花，放小西红柿、香油就可以关火了。

营养解析：

• 肉与豆腐干相结合，蛋白质利用率再上一个台阶。

• 选择南瓜、玉米、红甜椒、小西红柿等红黄色食材，可增加润眼液分泌，缓解产妇眼睛干涩及疲劳感。这一食谱只是示范，你可根据"同类互换"的原则，将食材替换成自己喜欢的品种。

（6）宵夜：青提酸奶

食材：

130 mL 酸奶、50 g 青提。

关键步骤：

将未拆封的酸奶泡在沸水中10分钟，加温至断凉，再倒入碗中；将青提对半切开，放入酸奶碗中即可。

营养解析：

• 酸酸甜甜的酸奶，打开味蕾，输送钙与蛋白质，加几颗青提点缀，亦是美好宵夜时间。好心情，就是最好的催奶药。

图 4-2-11　顺产第 1 周宵夜示例

4. 顺产第 1 周食谱解析及清单评估

看百份食谱不如拆解一份食谱。看营养食谱的意义，不是百分百地照搬，而是在它的示范下，找到适合自己的方案。因此，每份食谱后面，我都将根据

"油"字瘦哺模型——拆解，让你成为自己的营养配餐师。

表 4-2-2　顺产第 1 周食谱 "油" 字瘦哺模型解析

顺产第 1 周食谱 "油" 字瘦哺模型解析		
早餐及早点	午餐及午点	晚餐及宵夜
1 碗主食：粥＋饼中面 2/3 碗蔬菜：西红柿＋饼 　　　　　中菜 1 碗羹汤：粥 1/3 碗肉蛋豆：猪肝＋鸡蛋	1 碗主食：二米饭 2/3 碗蔬菜：丝瓜＋胡萝卜 　　　　　＋芥蓝 1 碗羹汤：芋头鸡汤 1/3 碗肉蛋豆：鸡肉＋虾仁	1 碗主食：米饭＋玉米 2/3 碗蔬菜：红椒＋芦笋＋ 　　　　　南瓜＋小西 　　　　　红柿＋叶菜 1 碗羹汤：玉米滑肉粉丝汤 1/3 碗肉蛋豆：里脊肉＋豆 　　　　　腐干
加餐评估	三次加餐均含流食，银耳汤可全家食用；下午及晚上加餐无须开火，制作方法简单易操作。符合适时、多汁、少量、简易的原则。	
" 氵" 型食材分布	全天共 330 mL 奶、220 g 水果、10 g 坚果，分别用于正餐和加餐。	

145

表 4-2-3　顺产第 1 周食材清单及评估

食材清单及评估		
食材清单	五星级食材清单：含五大类、各十小类食材	
	谷薯类-粗细搭配：含大米、玉米、小米、红薯等。 果蔬类-深色新鲜：含西红柿、小西红柿、丝瓜、红椒、芦笋、南瓜等。 肉蛋类-水陆俱全：含鸡蛋、猪肝、里脊肉、虾仁等。 奶豆类-注明品类：含脱脂牛奶、原味酸奶、豆腐干等。 油脂类-控制总量：含白芝麻、芝麻油等。	
食材分量	食材名称	实际摄入量	推荐摄入量
	谷薯类	80 g 薯类、220 g 谷类	300~350 g
	水果类	200 g	200~400 g
	蔬菜类	430 g	400~500 g
	肉蛋类	200 g	200~250 g
	奶类	330 mL	300~500 mL
	大豆类	15 g（相当于 30 g 豆腐干）	25 g
	坚果种子类	10 g	10 g
	烹饪油	20 mL	25~30 mL
备注	推荐摄入量中，谷薯类为干粮可食部分生重；肉类，为去骨、壳与刺后的生肉重量；大豆，以干大豆重量计；奶类，为液体奶重量。表中部分食材总量是据此换算后再相加，故与原数据总量有差异。	
烹饪特点	将杂粮混入菜肴，让水果融入羹汤，把肉汤拌进素菜。只要心中有"油"字瘦哺模型，营养餐可以千变万化。	
食材评估	顺产第 1 周食谱减少了易产气的奶类与大豆类，为保证蛋白质来源，故细嫩的肉蛋类比例略高。	

三、剖宫产后第 1 周食谱

1. 剖宫产第 1 周食谱：分两个阶段安排下奶餐

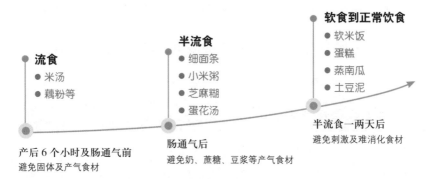

流食
- 米汤
- 藕粉等

半流食
- 细面条
- 小米粥
- 芝麻糊
- 蛋花汤

软食到正常饮食
- 软米饭
- 蛋糕
- 蒸南瓜
- 土豆泥

产后 6 个小时及肠通气前
避免固体及产气食材

肠通气后
避免奶、蔗糖、豆浆等产气食材

半流食一两天后
避免刺激及难消化食材

图 4-2-12 剖宫产术后饮食及注意事项

因麻醉手术，剖宫产产妇的部分肠道蠕动被按下暂停键，一部分空气锁在肠道中，易产生肠胀气。待肠道恢复蠕动功能，气体排出去后，才能解除腹胀。而放屁，就是肠道通气的表现。所以，剖宫产女性在排气前后的饮食原则不同，接下来先说明配餐差异及注意事项。

2. 排气前后的配餐差异及注意事项

（1）排气之前

肠道通气之前，产妇仅可食用免奶流食，即食材打成泥糊状，无颗粒感。如纯流食米汤、藕粉，此阶段不宜饮用牛奶、蔗糖、豆浆等易产气食物。

由于产妇体质差异大，产后 6 小时内，可在咨询医生后，根据个体情况决定是否食用流食。

图 4-2-13 小米粥

（2）排气之后

待肠道通气后，可食用半流食，即液体与固体混合食材，如小米粥、软面条、蛋羹、水果、嫩叶及根块类蔬菜等。食用半流食1~2天后即可恢复正常饮食。

3. 剖宫产第1周食谱及食材采购清单（恢复正常饮食后）

表4-2-4　剖宫产第1周全天食谱示范

剖宫产第1周全天食谱示范（1800 kcal）		
餐次	食谱	食材
早餐	鸡蓉蔬菜西红柿面、秋葵蒸蛋、胡萝卜奶昔	50 g 干面条、50 g 西红柿、50 g 鸡蛋、40 g 带骨鸡肉、150 mL 纯牛奶、20 g 秋葵、30 g 胡萝卜、50 g 小白菜
早点	藕粉	15 g 藕粉、5 g 腰果、5 g 杏仁、少许黑芝麻与糖桂花
午餐	二米饭、黄骨鱼汤、甜椒菜心炒肉末、白灼芦笋、小蜜橘	40 g 大米、20 g 小米、80 g 黄骨鱼（带骨）、80 g 芦笋、30 g 甜椒、50 g 卷心菜、100 g 小蜜橘、20 g 猪肉
午点	紫菜素馄饨	70 g 小馄饨（30 g 胡萝卜、25 g 面粉、10 g 大白菜）、3 g 紫菜
晚餐	小米蔬菜猪肝粥、馒头片、胡萝卜炒卷心菜、明虾烧豆腐	70 g 馒头片、25 g 小米、70 g 芋头、25 g 猪肝、75 g 南豆腐、50 g 胡萝卜、80 g 卷心菜、10 g 芦笋、30 g 虾仁
宵夜	杧果温酸奶	150 g 杧果、200 mL 原味酸奶
备注	全天植物油 20 mL，食盐不超过 6 g。	

4. 剖宫产第 1 周全天营养餐步骤及营养解析

(1) 早餐：鸡蓉蔬菜西红柿面＋秋葵蒸蛋＋胡萝卜奶昔

图 4-2-14　剖宫产第 1 周早餐

食材：

50 g 干面条、50 g 西红柿、50 g 鸡蛋、40 g 带骨鸡肉、150 mL 纯牛奶、20 g 秋葵、30 g 胡萝卜、50 g 小白菜。

关键步骤：

①将鸡肉炒熟后盛出。沸水煮面，3 分钟后放入西红柿、小白菜、鸡肉块，加少许油盐即可。

②将鸡蛋打散后，加少许盐，按照 1∶2 的比例加温开水，搅拌均匀。

③用滤网过滤掉蛋液中的气泡，撒入秋葵块。

④用食品级保鲜膜封住蒸碗，再用牙签戳一些小孔。

⑤水烧开后，把蒸碗和胡萝卜一起放蒸锅中，中火蒸 10 分钟。

⑥用料理机把熟胡萝卜打成泥，倒入热牛奶中，搅拌成胡萝卜奶昔。

营养解析：

• 经过夜间哺乳及代谢，早上乳母的身体处于缺水状态，肠胃分泌的消化液较少。这款以流食和半流食为主的早餐易消化，又补水。

• 通过蒸蛋、奶昔和鸡蓉补充易消化的蛋白质。

• 选用深色的西红柿、胡萝卜、秋葵和小白菜，补充丰富的维生素和钙。蔬菜颜色越深，所含微量营养素及植物活性成分越高。

（2）早点：藕粉

食材：

15 g 藕粉、5 g 腰果、5 g 杏仁、少许黑芝麻与糖桂花。

关键步骤：

①把藕粉倒入碗里，一边倒沸水一边用力搅拌，液体绕着筷子逐渐呈凝胶状。

②撒入杏仁、腰果、黑芝麻、糖桂花，它们会悬浮在浓稠的藕粉中而不沉入碗底。

营养解析：

• 藕粉易冲调且富含碳水化合物，可快速补充能量，预防因低血糖而导致的头晕。

• 腰果和黑芝麻所含的不饱和脂肪酸，利于宝宝神经智能发育。

图 4-2-15 剖宫产第 1 周早点示例

（3）午餐：二米饭＋黄骨鱼汤＋甜椒菜心炒肉末＋白灼芦笋＋小蜜橘

图 4-2-16 剖宫产第 1 周午餐示例

食材：

40 g 大米、20 g 小米、80 g 黄骨鱼（带骨）、80 g 芦笋、30 g 甜椒、50 g 卷心菜、100 g 小蜜橘、20 g 猪肉。

关键步骤：

①把黄骨鱼和姜片放入沸水中，中大火煮十几分钟至汤呈浓白色时，转小火，再加盐、葱花即可。不需要

加油及其他调料。

②将芦笋焯烫一分钟后，盛出。

③在鱼汤里加少许盐、淀粉，调成水淀粉。将平底锅烧热后，倒入水淀粉翻炒半分钟，呈糊糊状时盛出，淋到芦笋上。调料均匀裹到芦笋表面，既鲜美又便捷。

④把蜜橘瓣放入90℃热水中加热。水清香，橘温润，这个不贪凉的水果吃法，特别适合乳母。

⑤甜椒和卷心菜切成丝、猪肉切成末备用。肉末中加淀粉、盐、生抽后抓匀。热锅中加油，把葱蒜爆香后下锅翻炒肉末，加少许盐调味，肉末变色时放甜椒和卷心菜丝，翻炒至甜椒变软就可以出锅了。

营养解析：

•色彩斑斓的甜椒菜心炒肉末，一上桌就激活味蕾。在需要增补汤水的哺乳期，低脂荤汤加蔬菜的组合，如黄骨鱼汤，炖出来的鱼油，可作为芦笋的油脂与鲜香来源。这一鲜美月子餐，不加一滴油，乳母常常这样吃，当然又美又瘦了。

•产后初期及寒冷季节食用水果，应适度加温，而温开水泡蜜橘就是我最喜欢的偷懒方法之一。操作方法简单，白开水也有了香甜味。你准备试一试吗？

（4）午点：紫菜素馄饨

食材：

70 g 小馄饨、3 g 紫菜。

关键步骤：

在闲时包一些素馄饨，冷冻储藏。两餐之间，将它们取出后煮熟，就可以作为加餐了。

营养解析：

•剖宫产第1周胃口不佳，产妇正餐吃太多食物容易消化不良。所以，两餐之间吃一小碗馄饨，就能为正餐减负，贴合全天营养需要，简单、快捷、营养、有汤水。

图 4-2-17　剖宫产第1周午点示例

（5）晚餐：馒头片 + 小米蔬菜猪肝粥 + 明虾烧豆腐 + 胡萝卜炒卷心菜

图 4-2-18　剖宫产第 1 周晚餐示例

食材：

70 g 馒头片、25 g 小米、70 g 芋头、25 g 猪肝、75 g 南豆腐、50 g 胡萝卜、80 g 卷心菜、10 g 芦笋、30 g 虾仁。

关键步骤：

①将米下锅后，一边煮粥，一边翻炒猪肝和胡萝卜碎；粥熬至浓稠时，把炒好的碎末放进去，再熬煮 2 分钟，加少许盐调味即可。

②将河虾清洗干净后去虾壳与虾头。锅中加一勺油，油热后加姜蒜爆香，倒入虾仁炒至变色。南豆腐切块后加入，加适量盐与开水，大火煮开后，转小火煨 10 分钟，撒上葱花即可。

③卷心菜和胡萝卜切丝备用，锅烧热后，放少许油倒入胡萝卜与卷心菜丝，翻炒变软后，放生抽、醋，再翻炒几下即可出锅。

营养解析：

• 小米蔬菜猪肝粥是一款高铁、高蛋白质的养生粥，可补血、明目、促进伤口愈合。

• 明虾烧豆腐是为剖宫产妈妈量身定制的低脂、高蛋白营养餐。

• 用蔬菜和猪肝煮粥、豆腐与虾仁炖汤，高营养食材以半流质而不失固体形态的方式呈现，既满足剖宫产后产妇的高营养需求，又在不增加肠胃负担的情况下逐步恢复消化功能。

（6）宵夜：杧果温酸奶

食材：

150 g 杧果、200 mL 原味酸奶。

关键步骤：

将密封的杯装原味酸奶，放在90℃的热水中浸泡10分钟。随后倒入碗中，加杧果块搅拌均匀，就可以食用了。

营养解析：

• 杧果切块后，泡个暖暖的酸奶浴，它便不再冰冷；而酸奶也汲取杧果的清香，收敛了尖锐的酸。这碗富含蛋白质、钙与类胡萝卜素的甜品，可紧肤、明目、健筋骨。

图 4-2-19　剖宫产第 1 周宵夜示例

5. 剖宫产第 1 周食谱解析及清单评估

表 4-2-5　剖宫产第 1 周食谱"油"字瘦哺模型解析

剖宫产第 1 周"油"字瘦哺模型解析		
早餐及早点	午餐及午点	晚餐及宵夜

1 碗主食：面条	1 碗主食：二米饭	1 碗主食：馒头片＋粥中米
2/3 碗蔬菜：面及奶昔中的蔬菜＋秋葵	2/3 碗蔬菜：芦笋＋卷心菜＋甜椒	2/3 碗蔬菜：卷心菜＋胡萝卜＋粥中菜
1 碗羹汤：奶昔＋藕粉	1 碗羹汤：鱼汤＋馄饨	1 碗羹汤：豆腐汤＋粥
1/3 碗肉蛋豆：鸡肉＋蛋羹	1/3 碗肉蛋豆：黄骨鱼＋猪肉	1/3 碗肉蛋豆：虾仁＋豆腐＋猪肝

剖宫产第1周"油"字瘦哺模型解析		

加餐评估	三次加餐为藕粉、馄饨及酸奶，含水量高，量少，易操作。	
"氵"型食材分布	全天共350 mL奶，250 g水果，10 g坚果。	

表4-2-6　剖宫产第1周食材清单及评估

食材清单及评估			
食材清单	五星级食材清单：含五大类、十小类食材		
	谷薯类–粗细搭配：大米、小米、面条、藕粉、馒头片、芋头。		
	果蔬类–深色新鲜：甜椒、芦笋、胡萝卜、卷心菜、西红柿、秋葵、小白菜、小蜜橘、杜果。		
	肉蛋类–水陆俱全：鸡蛋、带骨鸡肉、黄骨鱼、猪肉、猪肝、虾仁。		
	奶豆类–注明品类：纯牛奶、原味酸奶、南豆腐。		
	油脂类–控制总量：杏仁、腰果、黑芝麻、植物油。		
食材分量	食材名称	实际摄入量	推荐摄入量
	谷薯类	70 g薯类、225 g谷类	300~350 g
	水果类	250 g	200~400 g
	蔬菜类	490 g	400~500 g
	肉蛋类	209 g	200~250 g
	奶类	350 mL	300~500 mL
	大豆类	12 g（相当于75 g南豆腐）	25 g
	坚果种子类	10 g	10 g

食材清单及评估

	食材名称	实际摄入量	推荐摄入量
食材分量	烹饪油	20 mL	25~30 mL
	推荐摄入量中，谷类为干粮的可食部分生重；肉类，为去骨、壳与刺后的生肉重量；大豆，以干大豆重量计；奶类，为液体奶重量。表中部分食材总量是据此换算后再相加，故与原数据总量有差异。		
烹饪特点	全天低脂轻烹饪，选择健康半成品及即食食材，缩短烹饪时间。		
食材评估	五星级食材品种齐全、操作简便。		

第 2~3 周月子餐：既要保证母乳量，又要维持高营养

一、泌乳：宝宝对母乳的需求量增加，送你四个"增奶"方法

宝宝出生十天后，其胃容量已经从草莓那么小，增长为猕猴桃一般大了。他们的吮吸力度和饭量也越来越大 。如果宝宝吃奶后易哭闹，全天无久睡时间，体检时生长发育不达标，可能意味着他们吃不饱。

母乳不足，无外乎四个因素，据此，我送你四个增奶方法，让宝宝吃得香，睡得足。

1. 心情愉悦，奶量才有保障

疲劳、焦虑等负面情绪，将造成催产素水平降低。哺乳期饮食，应该尊重乳母的选择权，当出现意见分歧时，可参照本书第一章第三节分享的"沟通三原则"与产妇商量。你要相信，所有食材都可以找到替代品，乳母心情愉悦，奶量才会有保障。

2. 多哺乳，勤吮吸，提高泌乳素水平

有位宝妈说，由于母乳不足，白天舍不得喂，就攒到晚上睡前喂宝宝。这反而让奶量越来越少了。

部分乳母用与宝宝分离的方式强行断奶，这种方式不科学，但也从侧面说明如果减少宝宝吮吸乳房次数，泌乳量就会越来越少。

奶越攒越少，越喂越多。越是母乳不足，越要一边保证营养，一边让宝宝勤吮吸，这样做泌乳素才能维持在较高水平，保证奶量。

3. 营养充足，乳汁"干货"有保障

每分泌 100 mL 乳汁，需要消耗 80 kcal 能量。若乳母能量不足，泌乳量可下降 50% 左右。饭量太小、油脂不足，或者缺少肉蛋奶，都会影响泌乳量。除水以外的营养素，都是乳汁的主要"干货"物质，营养充足泌乳量才有保证。

你可参照"油"字瘦哺模型来评估：正餐中所有主食加在一起，是否有一平碗左右？全天是否有 150~200 g 肉、50 g 蛋、300~500 mL 奶？若这方面缺口大，则会能量不足。若因宗教、饮食习惯等因素，你需要回避其中一两种食物，请咨询营养师，选择营养相当的其他食物。

4. 水分足，乳汁"水源"不间断

糖类、蛋白质、脂肪、维生素和矿物质等营养素，就像制造母乳的"奶粉"，而液体，就是身体冲调母乳的水源。囤再多的"奶粉"，若水分不足，乳汁也有限。饮水量能直观影响当天泌乳量，这一点我深有体会。当我连续讲课一整天而来不及喝水时，能明显感到乳房充盈度下降。

除饮食外（包括奶类），乳母每天应额外饮用 2100~2300 mL 水。若三餐及加餐中的流食充沛，可同步减少饮水量。建议你准备一个带刻度的饮水杯，或者用一次性水杯衡量水杯容量（一次性水杯容量一般为 100 mL）。这样，你就能知道每天喝了几杯水，饮水量是否达标了。若因饮水不达标而影响奶量，只要水量达标后，奶量就会随之提升。

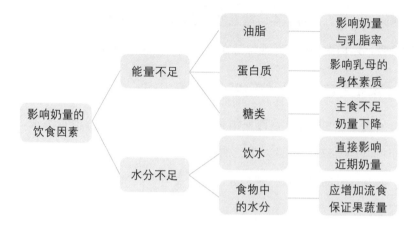

图 4-3-1 影响奶量的因素

书看到这里，你是否发现：没有绝对的发奶食物。缺乳原因不同，调理方法也各异。而民间流传的催奶方法，也是在不知不觉中补充其中某几个方面。这些方法大多是"水 + 能量"组合，如猪蹄汤（水 + 油脂）、红糖米酒（水 + 糖类）、丝瓜鸡蛋汤（水 + 优质蛋白质），这些食物可以帮助一部分乳母增奶，而另一部分乳母却只能增肥，这取决于它是否恰好弥补对方饮食的缺口。过去增奶靠运气，现在靠科学分析，定制个性化进补方案，这样的增奶餐才不折腾身体。

二、乳母：不增肥的增奶汤，首推七鲜汤

产后第 2 周，随着宝宝的胃容量增长，泌乳量也水涨船高。通过"水 + 能量"组合制作增奶汤，奶量节节高。然而，传统增奶汤高油脂，易肥胖，当代新妈妈避之唯恐不及。

由于科学的月子餐中，已搭配足量的肉蛋奶，所含脂肪及烹饪油足以满足当日脂肪需求量，因此，不增肥的增奶汤应符合三大原则：多水分、低油低蔗糖、多频率。根据这三大原则，我为你推荐增奶七鲜汤。

1. 米汤（包括粥、汤圆等）

粥之所以养人，是因为它是半流质，口感软糯易消化，又可集多种食材于一体，含多种营养素，非常滋养身体。它们可甜可咸，可粗可细，是产后增奶的优选。

图 4-3-2　增奶粥：红薯杂粮粥　　图 4-3-3　增奶粥：紫薯藜麦粥

2. 面汤（粉）

若只给你 20 分钟时间，需要烹饪主副相合、荤素俱佳、有油有盐，还水量满满的全营养瘦哺餐，你会做什么呢？你一定会想到面条与粉丝汤，因为它们特别适合制作出一人食全营养餐。美味低脂的面汤，也是催奶的水源。白面条、荞麦面、红薯粉、土豆粉、乌冬面、意大利面等，你可以喜欢哪样煮哪样。

图 4-3-4　增奶面：牛肉荞麦面　　图 4-3-5　增奶面：瘦肉粉丝汤

3. 不加蔗糖的甜汤

甜饮料总能带给我们甜蜜感，而一勺勺的蔗糖加进去，体重也跟着蹭蹭涨。在本书第三章第二节中分享了不加蔗糖的甜品制作法，你还记得吗？用具有天然甜味的水果、南瓜、红薯等食材代替蔗糖，加到银耳汤、豆浆、杂粮糊、牛奶或是藕粉中，皆可制作香甜的饮品。

图 4-3-6　增奶甜汤：红枣玉米莲子羹

图 4-3-7　增奶甜汤：鲜果牛奶

4. 蛋蔬汤（羹）

不要只吃水煮蛋，用鸡蛋搭配蔬菜，可制作多款鲜香美汤。如西红柿蛋汤、丝瓜蛋汤、紫菜蛋汤等。即便只用蔬菜，也可烹饪鲜味增奶汤，如西式奶油浓汤、中式蔬菜豆腐汤、冬瓜虾米汤、丝瓜汤、菌菇汤、海带汤等。

图 4-3-8　增奶蛋蔬汤：西红柿蛋汤

5.淡肉汤（含带汤饺子、馄饨、肉丸汤等）

虽然不建议喝油腻的猪蹄汤或者厚油炒制后煨炖的肉汤，但是低脂的淡肉汤仍值得推荐，如鲜鱼汤、鸡汤、牛肉汤等。也可将肉类加工后制成水煮肉片、肉丸汤、带汤的饺子和馄饨等。只要低脂肪、高水分，就是一锅好汤。不过，由于肉中的嘌呤会溶解在汤中，如果乳母尿酸高或者身患痛风，就不要食用任何肉汤了。

图 4-3-9　增奶淡肉汤：低脂滑肉玉米汤　　图 4-3-10　增奶淡肉汤：豆腐虾仁汤

6.奶豆汤

各种增奶汤中，我最钟爱的是奶类。它们可直接饮用，也可搭配水果、薯类、谷物等，制作百变饮料。

大豆含有与牛羊奶类似的营养。无论是豆浆，还是豆腐汤，都是低脂高蛋白的补钙优选。本书食谱中，你会常常看到它们的身影。

 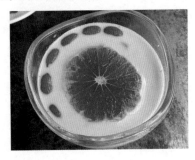

图 4-3-11　增奶奶豆汤：南瓜豆腐汤　　图 4-3-12　增奶奶豆汤：西柚牛奶红豆汤

7. 即食小汤

常备麦片、藕粉、小麦胚芽等
食物，用水冲调后，加少许牛奶、
水果或坚果，就是独一无二的精美
饮品。它们会因配料而变换形态，
每一次都能给我惊喜，相信对你也
一样。

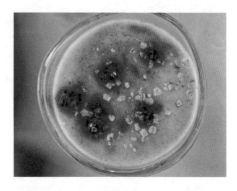

图 4-3-13　增奶即食汤：火龙果燕麦汤

以上七种汤，就是只增奶量不增肥的七鲜汤。你最喜欢哪一种呢？相信你
还会制作八鲜汤或九鲜汤，只要符合"多水分、低油低蔗糖、多频率"的原则，
你可随意搭配。

三、产后第 2~3 周，过渡期月子餐食谱示范

1. 产后第 2~3 周食谱及采购清单

表 4-3-1　产后第 2~3 周全天食谱示范

产后第 2~3 周全天食谱示范（1800 kcal）		
餐次	食谱	食材
早餐	鲜肉包子、玉米鸡肉粥、热拌花菜	25 g 鸡胸肉末、25 g 鲜肉、30 g 面粉、40 g 鲜玉米粒、20 g 大米、30 g 小西红柿、80 g 花菜
早点	枸杞蛋酒	40 g 鸡蛋、6 g 枸杞、50 mL 浓米酒（含 8 g 大米、4 g 白糖）
午餐	红米饭、黄花菜土鸡汤、鸡汤娃娃菜、豌豆虾仁、青红椒炒金针菇	25 g 红米、50 g 大米、50 g 河虾仁、50 g 带骨鸡肉、50 g 娃娃菜、30 g 豌豆、10 g 干黄花菜、30 g 红甜椒、30 g 绿甜椒、40 g 金针菇

餐次	食谱	食材
	**产后第 2~3 周全天食谱示范**（1800 kcal）	
午点	南瓜糯米糍、 200 mL 低脂牛奶	20 g 南瓜、10 g 玉米淀粉、20 g 糯米粉、 少许椰蓉、200 mL 低脂牛奶
晚餐	芹菜猪肉蒸饺、 热拌秋葵、 桂花山药、 青豆南瓜豆腐汤	50 g 面粉、70 g 山药、50 g 南豆腐、 50 g 猪瘦肉、20 g 芹菜叶、60 g 秋葵、 50 g 南瓜、10 g 青豆、10 g 小西红柿
宵夜	木瓜炖奶	300 g 木瓜、200 mL 低脂牛奶
备注		全天用盐不超过 6 g；全天 25 mL 油；2100~2300 mL 水；未加坚果。

2. 产后 2~3 周全天营养餐步骤及营养解析

(1) 早餐：鲜肉包子 + 玉米鸡肉粥 + 热拌花菜

食材：

25 g 鸡胸肉末、25 g 鲜肉、30 g 面粉、40 g 鲜玉米粒、20 g 大米、30 g 小西红柿、80 g 花菜。

关键步骤：

①将大米和鲜玉米粒放到电饭锅里，加姜片水，开煮粥模式。可以一边煮粥、一边蒸包子。

②待煮熟时，加少许盐，再加鸡胸肉末煮几分钟；出锅时，滴葵花籽油调味。

③花菜焯烫一分钟后，加小西红柿，淋入生抽和芝麻油拌匀即可。

表 4-3-14　产后 2~3 周早餐示例

营养解析：

• 包子与杂粮粥的组合，怎能少得了蔬菜呢？用有荤有素、有粗有细、有汤水的早餐，开启乳汁充沛的一天。

（2）早点：枸杞蛋酒

食材：

40 g 鸡蛋、6 g 枸杞、50 mL 浓米酒（含 8 g 大米，4 g 白糖）。

关键步骤：

①将枸杞洗干净备用，把鸡蛋打入碗中，用筷子搅拌均匀。

②水烧开后，把鸡蛋均匀地倒入沸水中，边倒边搅拌。

③倒入浓米酒和枸杞，继续煮 1 分钟即可。

营养解析：

• 用浓米酒煮汤圆、鸡蛋具备开胃的功效，且煮沸后酒精挥发殆尽，产后也可以享用。

图 4-3-15　产后 2~3 周早点示例

（3）午餐：红米饭 + 黄花菜土鸡汤 + 鸡汤娃娃菜 + 豌豆虾仁 + 青红椒炒金针菇

图 4-3-16　产后 2~3 周午餐示例

食材:

25 g 红米、50 g 大米、50 g 河虾仁、50 g 带骨鸡肉、50 g 娃娃菜、30 g 豌豆、10 g 干黄花菜、30 g 红甜椒、30 g 绿甜椒、40 g 金针菇。

关键步骤:

①豌豆焯水,剥出虾仁,姜蒜切片,调好水淀粉备用。

②锅中加油,烧热后加姜蒜爆香

后,加虾仁翻炒至变色,加豌豆,淋入芡汁。

③把娃娃菜放到鸡汤中焯烫,待菜变软后捞出,再淋上一勺鸡汤,加小西红柿碎片点缀。

营养解析:

•这一餐以白肉为主,脂肪含量低,且富含不饱和脂肪酸,利于宝宝神经智能发育。

(4) 午点:南瓜糯米糍 + 低脂牛奶

图 4-3-17 产后 2~3 周午点:南瓜糯米糍

图 4-3-18 产后 2~3 周午点:低脂牛奶

食材:

20 g 南瓜、10 g 玉米淀粉、20 g 糯米粉、少许椰蓉。

关键步骤:

①将蒸熟的南瓜碾成泥,再加入糯米粉、玉米淀粉揉成面团。随后分成小份,揉搓成一个个圆球,放入冷水锅蒸 10 分钟即可。

②出锅时趁热裹上一层椰蓉,Q弹的椰香小点心就做好了。

营养解析:

•如果你喜欢蛋糕、面包等甜甜的面食,可试试用这个方法在家做点心。由于未额外添加油和糖,这款点心的能量低于市售糕点,用于加餐或者正餐,都是一种美的享受。

（5）晚餐：芹菜猪肉蒸饺＋热拌秋葵＋桂花山药＋青豆南瓜豆腐汤

图 4-3-19　产后 2~3 周晚餐示例

食材：

50 g 面粉、70 g 山药、50 g 南豆腐、50 g 猪瘦肉、20 g 芹菜叶、60 g 秋葵、50 g 南瓜、10 g 青豆、10 g 小西红柿。

关键步骤：

①把山药去皮、切成条状后，摆成井字形，把饺子和山药放在冷水锅中蒸 15 分钟。

②用少许糖、温水、玉米淀粉调成芡汁，倒入热锅中勾芡，再撒入干桂花，糖桂花就做好了。

③将糖桂花淋到山药上即可。

④锅中放油加热后，倒入南瓜泥炒香后加开水，再加豆腐块、焯烫好的青豆煮熟，加盐、芝麻油、小西红柿，青豆南瓜豆腐羹就做好了。

⑤秋葵焯烫，焯水时加少许植物油、盐，可预防秋葵因氧化而变黄，表面更翠绿、鲜亮。秋葵切成段、条等形状摆盘，淋入调味汁即可。

营养解析：

•家中常备一些自制的生鲜饺子，烹饪简单又快捷。饺子升糖速度慢，利于稳定血糖。

•青豆南瓜豆腐汤是高钙、低脂、高蛋白的开胃哺乳餐。既可保证乳汁质量，又能预防乳母因晚上摄入过多能量而肥胖。

· 秋葵的黏液中蕴藏着丰富的可溶性膳食纤维，可吸附毒素、胆固醇等随粪便排出，美容养颜、保肝护胆。

(6) 宵夜：木瓜炖奶

图 4-3-20　产后 2~3 周宵夜示例

食材：

300 g 木瓜、200 mL 低脂牛奶。

关键步骤：

①将木瓜切为两半后，用勺子挖出木瓜肉，放在小碗中。

②将低脂牛奶倒入木瓜盅即可。

营养解析：

· 木瓜富含类胡萝卜素与蛋白酶，可明目保湿促消化。

· 这款宵夜富含水分、维生素、钙与蛋白质，是多功能调理增乳餐。

3. 产后第 2~3 周食谱解析及清单评估

表 4-3-2 产后 2~3 周食谱"油"字瘦哺模型解析

产后第 2~3 周食谱"油"字瘦哺模型解析		
早餐及早点	午餐及午点	晚餐及宵夜
1 碗主食：粥＋包子皮 2/3 碗蔬菜：花菜＋小西红柿 1 碗羹汤：粥中水 1/3 碗肉蛋豆：包子馅＋粥中肉	1 碗主食：红米饭 2/3 碗蔬菜：娃娃菜＋青红椒＋黄花菜＋金针菇＋豌豆 1 碗羹汤：去油鸡汤 1/3 碗肉蛋豆：鸡肉＋虾仁	1 碗主食：山药＋饺子皮 2/3 碗蔬菜：秋葵＋青豆＋小西红柿＋芹菜叶 1 碗羹汤：豆腐汤 1/3 碗肉蛋豆：肉馅＋汤中豆腐
加餐评估	枸杞蛋酒、低脂牛奶和木瓜炖奶都是简单易操作的流食，均富含优质蛋白质，是两餐之间快捷的水分及能量来源。牛奶与自制小点心及水果搭配，能进一步提升口感并供给人体多种营养素。	
"氵"型食材分布	全天饮用 400 mL 奶，吃 200 g 水果；全天食用油较多，未安排坚果。	

产后第 2~3 周，随血性恶露丢失的铁与锌较多，而大豆类铁锌含量低，所以食谱中肉类总量高，而大豆类比例低，这样协调后可保证蛋白质不超标，铁含量高。由于这一食谱中未安排坚果，故增加了用油量。

表 4-3-3　产后 2~3 周食材清单及评估

食材清单及评估		
食材清单	五星级食材清单：含五大类、各十小类食材	
	谷薯类 – 荤素搭配：含大米、玉米、红米、山药等。	
	果蔬类 – 深色新鲜：秋葵、花菜、小西红柿、娃娃菜、青豆、彩椒、金针菇等。（其中 2/3 为深色果蔬。）	
	肉蛋类 – 水陆俱全：鸡肉、虾、猪肉、鸡蛋。	
	奶豆类 – 注明品类：低脂牛奶、南豆腐等。	
	油脂类 – 控制总量：大豆油。	
食材分量	食材名称	实际摄入量	推荐摄入量
	谷薯类	70 g 山药、225 g 谷类	300~350 g
	水果类	300 g	200~400 g
	蔬菜类	476 g	400~500 g
	肉蛋类	225 g	100~250 g
	奶类	400 mL	300~500 mL
	大豆类	8 g（相当于 50 g 南豆腐）	25 g
	坚果种子类	0 g	10 g
	烹饪油	25 mL	25~30 mL
备注	推荐摄入量中，谷薯类为干粮可食部分生重；肉类，为去骨、壳与刺后的生肉重量；大豆，以干大豆重量计；奶类，为液体奶重量。表中部分食材总量是据此换算后再相加，故与原数据总量有差异。	
烹饪特点	通过蒸、炖、煮、炒、拌等多种烹饪方式，体现丰富的口感，淡而不寡。	
食材评估	五星级食材品种齐全，且全天无辛辣刺激食物及腌制食材，搭配包子、饺子、米酒等半成品食材，缩短烹饪时间及难度。	

第 3~6 周月子餐：用好"油"字瘦哺模型，每天吃很多也能瘦

一、泌乳：乳汁成分的差异，与长期膳食模式关系大

《新生儿营养学》一书中，有这样的记载：日本和菲律宾两国居民鱼类消费量大，产妇乳汁中DHA含量高；我国舟山渔场地区产妇乳汁中的DHA含量，也高于上海产妇。而海鱼中富含的DHA，是造成这一差异的主要原因。母乳中部分成分，受膳食及产妇自身营养素储存水平影响。

图 4-4-1　糖醋鱼

当膳食中营养素来源不足时，会动用母体库存量。只有部分营养素损耗严重或长期过量时，才会影响乳汁。因此，母体营养素储存量对乳汁成分的影响，比近期膳食因素还要大。维持长期均衡膳食方式，方可避免因母体哺乳期营养不良导致乳汁成分改变而影响宝宝，下文将从三个方面展开分享。

1. 脂肪含量，随饮食变化明显

前文我们了解到，一位宝妈的母乳中，脂肪含量远低于标准值，乳汁很稀薄，宝宝因饥饿而哭闹。若乳母饮食太清淡，将生产"低脂母乳"，无形中就为宝宝制造了"减肥餐"，自然会影响生长发育了。

脂肪太少影响宝宝发育，若超标，不仅增肥，还徒增宝宝痛苦。一位宝宝每天大便十几次，屁股红彤彤的，碰一下他就像被刺到一样大哭。月嫂说这是乳母喝太多肉汤引起的，而宝宝爷爷不以为然。他们带宝宝到医院检查后，医生说这是因乳汁脂肪超标，引起的脂肪泻。爷爷这时才知道，是他每天炖的浓肉汤给孙儿带去的负担。

膳食中，脂肪来自隐性和显性两个方面：

显性脂肪肉眼可见，它们是动物肥肉和已经提纯的动植物油。一口肥肉的能量约等于五口瘦肉的能量，且肥肉中基本不含蛋白质、维生素等营养素。所以，肥肉及三肥七瘦的高脂肉，乳母应减少食用量。炒菜用的动植物油属于纯能量食物，多用一勺油，相当于多吃了一个苹果。将食用油总量控制在25~30 mL（约2.5~3 勺），就是刚刚好。

隐性脂肪储存在瘦肉、蛋奶等食物中，它们赋予这些食物美味，且脂肪含量低，与蛋白质、铁、锌等营养素共存。少了这些营养素，将造成身体的营养匮乏。因此，这部分脂肪应保存。

与脂肪合作，关键在于限制显性脂肪，如烹饪油、肥肉；保证隐性脂肪，如每天50 g蛋，300~500 mL奶，150~200 g肉。适量，才是真的好。

2. 维生素随乳母饮食而变化

VB 和 VC 在人体内的储存量低，若乳母的 VC 摄入量不足，乳汁中 VC 含量将下降。VC 参与胶原蛋白的合成，也是促进白细胞发挥吞噬细菌及病毒功能的必要物质；VB 是脂类、糖类及蛋白质代谢的重要辅酶。缺少 VC 与

VB，将影响宝宝生长发育，造成宝宝免疫力低、更易哭闹。因此，哺乳期应保证乳母的奶类、全谷物及新鲜果蔬的摄入量。

哺乳期女性的 VA 摄入量应增加一倍。VA 参与视网膜中视紫质的合成与再生，维持呼吸系统、消化系统等的正常功能，是新生儿防感染、提升免疫力的保护伞。从果蔬中摄入的类胡萝卜素可根据身体所需转化为 VA，它藏身于色彩艳丽的果蔬中。因此，哺乳期的餐桌应该是艳丽的，深黄、深绿、深红色的果蔬，应占果蔬类总量的 2/3 以上。

3. 乳汁含盐量，与乳母口味正相关

乳汁也有味道，钠（盐）摄入量高的乳母，乳汁更咸。咸的乳汁有三个危害：其一，宝宝容易因口渴而哭闹；其二，若给宝宝喂水，排尿量就增加了，肾脏负担加重；其三，多喝水的宝宝，饮奶量下降，阻碍生长发育。

因此，乳母的饮食要清淡少盐。一方面，每天显性的烹饪盐应控制在 6 g 以内，约一啤酒瓶盖大小；另一方面，应选择新鲜食材，少选用隐形盐含量较高的腌菜、酱菜、腌肉等食物。

既要保量又要保质，这样的母乳，才是宝宝的防病铠甲。

二、乳母：瘦哺餐的作用初显现，会加餐效果更明显

产妇生产两周以后，伤口基本愈合，血性恶露越来越少，褥汗慢慢消失，调理成果初步显现出来了。体能恢复的宝妈可分泌更多乳汁，满足奶量大增的宝宝。而乳母在两餐之间喂奶后常感到饥肠辘辘，或是一不留神吃进去的能量就超过泌乳所需。

瘦哺之道，妙在加餐。前文我们分析了优质加餐的四个原则：适时、多汁、少量、简易。结合这四个原则，我将示范健康加餐的三种方式，即健康流食、健康主食及健康副食。

健康流食
牛奶、豆浆、粥、
汤、水果茶等

健康主食
全麦面包、
健康糕点、
麦片等

健康副食
水果、坚果、
鸡蛋、海苔、
豆腐干等

图 4-4-2 产后加餐 "三健客"

1. 健康流食加餐法

营养丰富的流食，是加餐的主角。

- 0级难度：即食的奶类及以奶为基础制作的奶昔、奶饮料等。

- 1级难度：冲调后即可饮用的麦片、杂粮糊、藕粉等。

- 2级难度：水果羹、银耳汤、豆花、蛋羹等。

- 3级难度：时间充裕时，可制作芋圆、布丁、双皮奶等步骤较多的半流食。

图 4-4-3 健康流食加餐：牛奶芋圆

2. 健康主食加餐法

正餐烹饪的面点、玉米等，可留一部分用于加餐，也可选用即食的低糖、低脂糕点，以及能快速烹饪的汤圆、饺子、馄饨等。

图 4-4-4　紫薯球

图 4-4-5　健康主食加餐：华夫饼

（营养师张影制作及摄影）

3. 健康副食加餐法

不用烹饪，就能直接食用的天然食材，太适合忙碌的宝妈了。如水果、坚果、鸡蛋、豆腐干、海苔、板栗等。除了水果，其他副食普遍含水量较低，搭配一杯牛奶、柠檬水或白开水即可。

图 4-4-6　健康副食加餐：柑橘

三、产后 3~6 周，稳定期月子餐食谱示范

从分娩到子宫复旧，约需要 42 天，这就是临床上的产褥期，也是产后体检的时间节点。所以，坐月子应持续 42 天。此时，乳汁较稳定，调理成果初显现，食材选择范围更宽。

1. 产后 3~6 周食谱及采购清单

图 4-4-1　产后 3~6 周全天食谱示范

产后 3~6 周全天食谱示范（2000 kcal）		
餐次	食谱	食材
早餐	香菇鸡蛋粉面、清蒸黄骨鱼、豆角炒红椒	25 g 红薯粉条、50 g 干面条、50 g 鸡蛋、100 g 黄骨鱼（带骨）、30 g 香菇、30 g 青菜、50 g 豆角、50 g 红椒
早点	红豆草莓炖奶	200 mL 低脂牛奶、100 g 草莓、15 g 红豆、5 g 白砂糖
午餐	藜麦米饭、彩椒炒香菇、西红柿牛肉汤、糯米豆腐丸子、烫生菜	25 g 藜麦、50 g 大米、25 g 糯米、50 g 牛肉、100 g 北豆腐、20 g 黄甜椒、20 g 红甜椒、30 g 香菇、60 g 生菜、40 g 西红柿、10 g 西蓝花
午点	海苔 + 香蕉 + 枸杞水	200 g 香蕉、10 g 海苔、5 g 枸杞
晚餐	五彩炒饭、炒西蓝花、紫薯杞果球、海带丝瓜豆芽汤	150 g 米饭、70 g 紫薯、40 g 鸡肉、50 g 西蓝花、20 g 豆芽、10 g 鲜豌豆、20 g 丝瓜、20 g 海带、20 g 红椒、30 g 杞果、10 g 熟白芝麻、少许牛奶
宵夜	紫薯酸奶	250 mL 纯牛奶、20 g 紫薯
备注	全天食盐不超过 6 g；全天植物油 25 mL，即食海苔 10 g，白砂糖 5 g；2100~2300 mL 水。	

2. 产后 3~6 周全天营养餐步骤及营养解析

(1) 早餐：香菇鸡蛋粉面 + 清蒸黄骨鱼 + 豆角炒红椒

食材：

25 g 红薯粉条、50 g 干面条、50 g 鸡蛋、100 g 黄骨鱼（带骨）、30 g 香菇、30 g 青菜、50 g 豆角、50 g 红椒。

关键步骤：

蒸鱼、炒菜、鸡蛋粉面都是家常做法，全程只用油盐、少许葱花等调料。不选用辛辣刺激调料即可。

图 4-4-7　产后第 3~6 周的早餐示例

营养解析：

在繁忙的早晨，一碗粉面就是一款有油、有盐的最常见早餐。由于其蛋白质含量低，即便吃一大碗也容易饿，它属于典型的易胖食材。但只需两招，它就可以变成减肥食品：

- 将粉面减半，搭配大体积低能量的各类叶菜、瓜茄等，增加饱腹感。
- 搭配高蛋白的鸡蛋、鱼等"耐饿"食品，让饱腹感持续更长时间。

(2) 早点：红豆草莓炖奶

食材：

200 mL 低脂牛奶、100 g 草莓、15 g 红豆、5 g 白砂糖。

关键步骤：

①把红豆放到电饭锅里，加 3 杯水后，按煮粥键。

②将红豆煮开花后，倒入牛奶，加白砂糖。

图 4-4-8　产后 3~6 周早点示例

③红豆牛奶汤盛出来后，再把切好的草莓放进去。食用时再加草莓，可保护草莓中丰富的VC。

营养解析：

• 这是一款高饱腹感、多水分的高钙、高蛋白、高VC加餐，利于缓解产后关节酸痛，而且能淡斑。

（3）午餐：藜麦米饭＋彩椒炒香菇＋西红柿牛肉汤＋糯米豆腐丸子＋烫生菜

图4-4-9 产后3~6周午餐示例

食材：

25 g藜麦、50 g大米、25 g糯米、50 g牛肉、100 g北豆腐、20 g黄甜椒、20 g红甜椒、30 g香菇、60 g生菜、40 g西红柿、10 g西蓝花。

关键步骤：

①将西红柿切块、牛肉切薄片备用。油锅烧至七成热时，将葱蒜爆香后，放牛肉翻炒至变色，加开水焖煮8分钟，再倒入西红柿继续翻炒。

随后加盐和老抽，焖至牛肉变软烂，再加入焯好的西蓝花煮一两分钟即可关火。

②提前将糯米浸泡两个小时，沥干水分。将牛肉剁碎，加葱姜末、盐、花生油、玉米淀粉、蚝油，顺着一个方向搅打上劲。用纱布挤压北豆腐，沥干水分，再切成碎末，放入肉馅中拌匀。将肉末豆腐馅搓成小丸子，在糯米中打个滚，码放在盘子里，冷水

上汽大火蒸30分钟即可。

③油锅加热后，加葱蒜爆香，先倒入香菇炒软，再放彩椒块翻炒，随后加盐翻炒均匀。

④生菜焯烫1分钟后捞出。倒芝麻油和生抽搅拌均匀。

营养解析：

• 与猪相比，牛长期处于站姿，其肌纤维更粗、肌肉更紧致、含脂率更低，因此不容易烹煮软烂，口感略差。这恰恰是它高蛋白、高铁、高钙的体现。通过熬炖、剁成末后蒸制，肉质更细软。

（4）午点：海苔＋香蕉＋枸杞水

食材：

200 g 香蕉、10 g 海苔、5 g 枸杞。

关键步骤：

①把枸杞洗干净后，浸泡在开水中。

②采购新鲜香蕉和海苔，直接食用。

营养解析：

海苔富含碘元素，可促进宝宝细胞分化和生长。

图 4-4-10 产后 3~6 周午点示例

（5）晚餐：五彩炒饭＋炒西蓝花＋紫薯杞果球＋海带丝瓜豆芽汤

食材：

150 g 米饭、70 g 紫薯、40 g 鸡肉、50 g 西蓝花、20 g 豆芽、10 g 鲜豌豆、20 g 丝瓜、20 g 海带、20 g 红椒、30 g 杞果、10 g 熟白芝麻、少许牛奶。

关键步骤：

①鸡肉和红椒切丁，将红椒和豌豆放开水中焯烫1分钟。锅中油热后加入鸡丁翻炒至变色，倒入红椒和豌豆翻炒均匀，加少许盐和生抽调味后，加入米饭炒匀，再加少许盐翻炒即可。

②将丝瓜去皮切成滚刀块，海带浸泡后多清洗几遍去咸味，豆芽洗净备用。热锅凉油，待油热后加入丝瓜翻炒

至变软，加少许盐。再倒入开水煮沸，放入海带和豆芽煮熟即可。由于海带自带盐分就不需要额外加盐了，最后撒上葱花，滴几滴芝麻油就完成了。

③将大蒜拍成蒜蓉备用，再把西蓝花切成小朵，放到开水中焯烫一分钟后捞出，过凉水沥干。焯烫时水中加少许盐和油可避免西蓝花褪色。炒锅中加适量植物油，开火烧至七成热，倒入蒜蓉爆出香味，再把西蓝花倒进去翻炒一分钟，边炒边淋入生抽和蚝油，翻炒均匀即可出锅。

④紫薯杞果球的做法见 P66 页。

营养解析：

•炒饭中加入鸡肉，可使动植物

蛋白质互补以提高利用率，提高乳母免疫力；五彩蔬菜富含植物活性成分，利于淡化色斑、保护血管。紫薯杞果球富含膳食纤维，可促进排便，预防便秘。

图 4-4-11　产后 3~6 周晚餐示例

（6）宵夜：紫薯酸奶

食材：

250 mL 纯牛奶、20 g 紫薯。

关键步骤：

紫薯加热后，用勺子压成泥，加到温酸奶中，再搅拌均匀，就可以享用这杯富含花青素的酸奶了。

营养解析：

•紫薯酸奶富含花青素、钙、膳食纤维和蛋白质，可抗氧化、助消化、助眠、预防便秘。它营养全面、饱

腹感强，既可提供喂夜奶所需的能量，又能预防宝妈因饥饿而低血糖。

图 4-4-12　产后 3~6 周宵夜示例

3. 产后3~6周食谱解析及清单评估

物尽其用、操作简便的营养餐，才能成为家常便饭。例如，当天购买的彩椒，可分别用于早、中、晚餐调味和增色，而不必追求餐餐不重样；用中午的剩米饭可以做晚上的炒饭；留一部分晚餐熟紫薯，点缀宵夜的牛奶。这样既省时省力，又避免多种食材长久储存而积累的亚硝酸盐。

表4-4-2　产后3~6周"油"字瘦哺模型解析

产后3~6周"油"字瘦哺模型解析		
早餐及早点	午餐及午点	晚餐及宵夜
1碗主食：红薯粉+面条 2/3碗蔬菜：炒蔬菜+面中菜 1碗羹汤：面中汤水 1/3碗肉蛋豆：黄骨鱼+荷包蛋	1碗主食：藜麦米饭+糯米 2/3碗蔬菜：彩椒+香菇+生菜+牛肉汤中菜 1碗羹汤：西红柿牛肉汤 1/3碗肉蛋豆：牛肉+豆腐	1碗主食：米饭+紫薯球 2/3碗蔬菜：汤中菜+西蓝花+炒饭中的蔬菜 1碗羹汤：海带丝瓜豆芽汤 1/3碗肉蛋豆：鸡肉
加餐评估	早点选用的红豆草莓炖奶，是对传统红豆汤的改良。以草莓代替蔗糖，既减少了糖分摄入量又补充了VC，低脂牛奶和红豆中的蛋白质互补，提高了人体吸收率。若正餐粗杂粮摄入量不足，可在加餐时用这款红豆草莓炖奶弥补。	

产后 3~6 周"油"字瘦哺模型解析	
加餐评估	早晚加餐采用果薯+杂粮+奶类的形式,借助食物天然的甜味让粗糙的杂粮更香甜,利于宝妈养成瘦哺好习惯。枸杞水+香蕉+海苔片的极简下午茶组合,含钾、铁、类胡萝卜等营养素,可舒缓神经、润喉除燥、缓解疲劳。
"氵"型食材分布	全天共 450 mL 牛奶、230 g 水果和 10 g 坚果,用水果牛奶饮品加餐,既快捷又甜美。

表 4-4-3　产后 3~6 周食材清单及评估

食材清单及评估		
食材清单	五星级食材清单:含五大类、十小类食材	
	谷薯类-粗细搭配:红薯粉条、面条、红豆、糯米、大米、藜麦、紫薯。	
	果蔬类-深色新鲜:香蕉、杧果、红甜椒、黄甜椒、海带、豆芽、丝瓜、西蓝花、豆角、香菇、生菜、豌豆等。	
	肉蛋类-水陆俱全:黄骨鱼、鸡蛋、牛肉、猪肉、鸡肉。	
	奶豆类-注明品类:纯牛奶、低脂牛奶、北豆腐。	
	油脂类-控制总量:熟白芝麻、食用油。	
食材分量	食材名称	实际摄入量	推荐摄入量
	谷薯类	90 g 薯类、240 g 谷类	300~350 g
	水果类	330 g	200~400 g
	蔬菜类	485 g	400~500 g
	肉蛋类	210 g	200~250 g
	奶类	450 mL	300~500 mL
	大豆类	25 g(相当于 100 g 北豆腐)	25 g
	坚果种子类	10 g	10 g
	烹饪油	25 mL	25~30 mL
备注	推荐摄入量中,谷薯类为干粮可食部分生重;肉类,为去骨、壳与刺后的生肉重量;大豆,以干大豆重量计;奶类,为液体奶重量。表中部分食材总量是据此换算后再相加,故与原数据总量有差异。		
烹饪特点	全天以蒸、煮、炖、炒为主。加热处理奶及水果,低脂、健康、易消化。		
食材评估	五星级食材品种齐全。		

第五章

产后2～6月，
配餐方法与食谱

第一节　满月后的哺乳期，是加长版的月子期

一、泌乳：哺乳越久，营养素流失越多，营养均衡才能保证奶量充足

我怀孕时，妈妈就嘱咐过我，坐月子千万不能吃豆角，她就是因为吃了豆角，才造成我没有吃多少母乳。她还让我每天喝浓肉汤，说只要月子里把奶发出来，以后就源源不断了。真的如此吗？

我的妹妹反驳了她。妹妹坐月子时，母乳很充足，而孩子一满月，奶量就锐减。为什么月子里"发起来"的奶，满月后会减少呢？真的是吃了所谓"回奶食物"造成的吗？

妹妹说，坐月子时，三餐都有汤水；而满月后，就恢复了普通饮食习惯，每餐都很干，肉蛋类也减少了。原来，能量与水分的减少，才是造成奶量下降的"元凶"。小时候，家里比较贫穷，我想，妈妈在我满月后母乳减少，也是营养不良造成的，而豆角只是"背锅侠"。

由此可见，并没有绝对的回奶食物，泌乳原料不足才是造成奶量下降的主要因素。

乳母以食物为原料，为孩子制造乳汁。月子期，仅仅拉开了哺乳期的序幕，满月后还要随宝宝奶量增加而增加进补量，这样才能保证母乳源源不断。

二、乳母：宝宝满月后，乳母饮食应该更营养

满月后的哺乳期，是加长版的月子期。哺乳时间越长，乳母的营养消耗

越大，越容易出现因营养不良而引起的"月子病"。钙、铁等营养素从摄入不足，到出现严重症状，一般经历以下三个阶段。

第一个阶段，隐藏期：虽然摄入量不足，但可动用体内库存，此时乳母无明显症状。就像灌满墨水的钢笔一样，虽然墨越用越少，但在初期不影响写字。

第二个阶段，症状浮现期：当营养素储存量被过度消耗，将影响相应生理功能，乳母的身体出现不适的症状，如因缺钙而腿抽筋、因缺铁而脸色蜡黄等。就像墨水越来越少的钢笔，写着写着字迹就不清晰了。

第三个阶段，严重危害期：营养素储存量达到最小值或耗竭，将影响乳母的健康、泌乳及宝宝生长发育。就像已经用完墨水的钢笔，写不出字了。

从宝宝满月到满 6 个月是泌乳高峰期，乳母平均每天分泌 800 mL 乳汁，平均每天随乳汁流失约 701.6 mL 水分、52 g 糖类、35.2 g 脂肪、9.6 g 蛋白质、248 mg 钙、240 ugVA 等营养素。若加上乳汁合成过程中损耗的营养素，乳母每天因泌乳而流失的营养素总量将高于以上数字。且哺乳时间越长，营养素流失量越大。

乳母营养不良，对母婴双方的影响亦可分为三个阶段：第一阶段，透支乳母健康，不影响奶水质量与数量；第二阶段，乳母体质持续下降，奶水质与量齐降；第三阶段，乳母迟发"月子病"，奶水不足直至离乳。

满月以后如何吃，才是决定奶量和产后修复效果的关键。这阶段，更应该在"油"字瘦哺模型的指导下，继续科学膳食。因此，营养餐的美味程度、易操作程度，直接决定持续食用营养餐的时间。

本章不仅仅为你示范个人瘦哺餐，也将继续通过图文并茂的形式，为你展示家庭餐、带餐、点餐等多场景下的"油"字瘦哺模型，让你无论走到哪里，都能学会用营养师的视角，找到最恰当的食物。

三、产后 2~6 月，泌乳高峰期瘦哺餐食谱示范

1. 产后 2~6 月食谱及食材采购清单

产后 2~6 月是泌乳高峰期，因此，本食谱能量值略高，全天 2050 kcal。

表 5-1-1　产后 2~6 月全天食谱示范

产后 2~6 月全天食谱示范（2050 kcal）		
餐次	食谱	食材
早餐	剁馍、 紫甘蓝炒莴苣、 脱脂牛奶	85 g 剁馍、250 mL 脱脂牛奶、 50 g 紫甘蓝、50 g 莴苣、10 g 白芝麻
早点	萝卜肉丸汤	15 g 全麦面粉、10 g 土豆淀粉、 50 g 鸡肉、10 g 胡萝卜
午餐	白米饭、香煎鱼块、 蒸三丝、炖排骨、 柠檬水	62 g 大米、100 g 草鱼块（带骨）、 70 g 排骨（带骨）、 30 g 白萝卜、40 g 胡萝卜、20 g 杏鲍菇、 30 g 红椒、10 g 青豆、10 g 干腐竹
午点	爆米花	25 g 干玉米（爆米花专用玉米）、 5 g 白糖
晚餐	极简寿司 玉米鸡蛋羹 茄汁豆腐 热拌海带丝	40 g 玉米粒、200 g 米饭、 40 g 土豆、100 g 西红柿、30 g 海带丝、 30 g 寿司海苔、20 g 鲜豌豆、15 g 奶酪、 60 g 北豆腐、50 g 鸡蛋
宵夜	红心火龙果奶昔	200 g 红心火龙果，15 g 脱脂牛奶粉
备注	全天用盐不超过 6 g；全天 24 mL 油，5 g 白砂糖，2100~2300 mL 水。	

2. 产后2~6月全天营养餐步骤及营养解析

(1) 早餐：剁馍＋紫甘蓝炒莴苣＋脱脂牛奶

图 5-1-1　产后 2~6 月早餐示例

食材：

85 g 剁馍、250 mL 脱脂牛奶、50 g 紫甘蓝、50 g 莴苣、10 g 白芝麻。

关键步骤：

①把剁馍放在烤箱中烤3分钟，或者在不粘锅中两面加热，即可食用。你也可以买馒头、窝窝头等发酵面食代替剁馍。

②将脱脂奶粉倒入温水中轻轻搅拌即可饮用。冲调就是加热的过程，这一点比加热盒装牛羊奶更便捷。

营养解析：

•发酵类面食松软多孔，体积比未发酵时膨胀2~3倍，更具饱腹感。对于忙碌的上班族来说，采购剁馍、馒头等成品，可大大缩短做早餐的时间。尽管与自制面食相比，含糖量略高，但是与市售的无蔬菜、少杂粮的早餐相比，它值得推荐。

（2）早点：萝卜肉丸汤

食材：

15 g 全麦面粉、10 g 土豆淀粉、50 g 鸡肉、10 g 胡萝卜。

关键步骤：

①把胡萝卜和鸡肉分别剁成末状后混合，加盐和生抽。

②把全麦面粉和土豆淀粉加到肉馅中，再加适量水和盐，用筷子搅打上劲直至呈面糊状。

③水烧开后，用手把面糊从虎口挤出，再用小勺刮下来放到水中煮。

④煮开后，加少许盐和油，放入青菜，继续煮3~5分钟，撒点小葱和香菜就出锅了。

营养解析：

•肉丸，就像把饺子皮揉碎了加在馅中。荤素互补，营养全面，操作时间大大降低。

图 5-1-2　产后 2~6 月早点示例

（营养师张影制作及摄影）

（3）午餐：白米饭 + 香煎鱼块 + 蒸三丝 + 炖排骨 + 柠檬水

图 5-1-3　产后 2~6 月午餐示例

食材：

62 g 大米、100 g 草鱼块（带骨）、70 g 排骨（带骨）、30 g 白萝卜、40 g 胡萝卜、20 g 杏鲍菇、30 g 红椒、10 g 青豆、10 g 干腐竹。

关键步骤：

香煎鱼块、炖排骨、蒸三丝都是家常食材、家常做法，可用少许生姜、葱花、料酒、大蒜等来调味，不添加过多辛辣刺激食材即可。

营养解析：

• 这一餐的秘诀在于用"油"，看似油腻，实际上只有煎鱼用了油，炖排骨与蒸菜都未额外添加一滴油。

• 鉴于排骨汤较油腻，这一餐搭配了柠檬水，且集中油量用于主菜，保证总油量不超标，就可以健健康康吃大餐。这个"香喷喷控油法"，你掌握了吗？

（4）午点：爆米花

食材：

25 g 干玉米（爆米花专用玉米）、5 g 白糖。

关键步骤：

①平底锅烧至五成热时，用油刷均匀地抹上一层油。

②将玉米平铺在锅底上，小火慢爆。

③1分钟左右即可听到玉米开花的声音。

④为了避免爆米花跳出来，你需要一手拿着锅盖，一手用锅铲翻炒，待玉米全面"开花"时，趁热撒入白砂糖翻炒均匀即可。

⑤需网购爆米花专用玉米，用100 g即可爆出一锅花。若较多玉米未"开花"，说明玉米太多，下次烹饪时减

少用量即可。

营养解析：

• 完整的玉米粒富含膳食纤维、叶黄素和维生素B族，可促进肠胃蠕动。

图 5-1-4　产后 2~6 月午点示例

（5）晚餐：极简寿司＋玉米鸡蛋羹＋茄汁豆腐＋热拌海带丝

食材：

40 g 玉米粒、200 g 米饭、40 g 土豆、100 g 西红柿、30 g 海带丝、30 g 寿司海苔、20 g 鲜豌豆、15 g 奶酪、60 g 北豆腐、50 g 鸡蛋。

关键步骤：

①米饭蒸熟后，趁热倒进寿司醋搅拌均匀。将米饭平铺在海苔上，卷起来，再切成一段一段的长条。

②随后将海苔、奶酪、玉米、韩国泡菜、鱼子酱、肉松等各种配菜摆于寿司上，即可食用。

③茄汁豆腐做法见 P114。

④鸡蛋打散后，调制水淀粉备用。把玉米粒和豌豆放到锅里加水烧开。再淋入水淀粉，倒入蛋液，边倒边搅拌，最后加枸杞、食盐和食用油调味。

⑤海带丝洗干净后，放在开水中煮 5 分钟，捞出后加香油、芝麻调味即可。

营养解析：

• 海带富含碘，利于婴儿大脑发育。

• 高钙的奶酪、豆腐、海带保证乳母钙摄入，利于宝宝骨骼发育。

• 没有肉，"鸡蛋＋奶酪＋豆腐"的组合，也能保证钙、蛋白质来源。

图 5-1-5　产后 2~6 月晚餐示例

（6）宵夜：红心火龙果奶昔

食材：

200 g 红心火龙果、15 g 脱脂奶粉。

关键步骤：

冲调好脱脂牛奶后，将红心火龙果碾成泥搅拌其中。

营养解析：

•加餐也承担查漏补缺的使命，当全天食谱中全谷物不足，你可以用即时燕麦片冲牛奶，就可以完善全天膳食结构。

图 5-1-6　产后 2~6 月宵夜示例

3. 产后 2~6 月食谱解析及食材清单评估

这份食谱示范了瘦哺营养餐的一个小窍门——杂粮隐身法。全谷外皮及糊粉层携带的 VB，直接影响母乳中 VB 的含量，也能帮助新妈妈预防口角炎、皮肤炎、口腔溃疡等症状。其蕴含的膳食纤维可增加饱腹感，促进排便。若你起初吃不惯杂粮饭、杂粮粥，或者家人吃不惯这类食物，可将它隐藏在零食、菜肴和牛奶中。例如，这份食谱中的自制爆米花、玉米鸡蛋羹、极简寿司、红心火龙果奶昔等。

表 5-1-2　产后 2~6 月"油"字瘦哺模型解析

产后 2~6 月"油"字瘦哺模型解析		
早餐及早点	午餐及午点	晚餐及宵夜
 1 碗主食：剁馍（体积比米饭小） 2/3 碗蔬菜：紫甘蓝炒莴苣 1 碗羹汤：脱脂牛奶 1/3 碗肉蛋豆：无（见加餐） 	 1 碗主食：白米饭 2/3 碗蔬菜：蒸三丝 1 碗羹汤：无 1/3 碗肉蛋豆：排骨＋鱼块＋腐竹 	 1 碗主食：寿司、玉米、土豆 2/3 碗蔬菜：西红柿＋寿司配菜＋汤配菜＋海带丝 1 碗羹汤：玉米鸡蛋羹 1/3 碗肉蛋豆：豆腐＋鸡蛋 
加餐评估	若正餐食欲欠佳，加餐可加量。若早餐能量与优质蛋白质较低，加餐就可准备一碗易消化的萝卜肉丸汤。加餐亦可选用自制或部分市售健康零食，将其计入全天总量即可。	
"氵"型食材分布	牛奶用于早餐与宵夜，水果用于宵夜。	

表 5-1-3　产后第 2~6 月食材清单及评估

食材清单及评估			
食材清单	五星级食材清单：含五大类、十小类食材		
	谷薯类 – 粗细搭配：大米、玉米粒、爆米花专用玉米、土豆、全麦面粉 果蔬类 – 深色新鲜：丝瓜、彩椒、芦笋、南瓜等。 肉蛋类 – 水陆俱全：鸡肉、鸡蛋、草鱼块、排骨。 奶豆类 – 注明品类：脱脂牛奶、奶酪、干腐竹、北豆腐。 油脂类 – 控制总量：白芝麻、花生油、双低茶籽油。		
食材分量	食材名称	实际摄入量	推荐摄入量
	谷薯类	40 g 薯类、256 g 谷类	300~350 g
	水果类	200 g	200~400 g
	蔬菜类	420 g	400~500 g
	肉蛋类	220 g	200~250 g
	奶类	430 mL（以液体奶计）	300~500 mL
	大豆类	25 g（相当于 10 g 干腐竹 +60 g 北豆腐）	25 g
	坚果种子类	10 g	10 g
	烹饪油	24 mL	25~30 mL
备注	推荐摄入量中，谷薯类为干粮可食部分生重；肉类，为去骨、壳与刺后的生肉重量；大豆，以干大豆重量计；奶类，为液体奶重量。表中部分食材总量是据此换算后再相加，故与原数据总量有差异。		
烹饪特点	这一食谱选择了高油烹饪法，通过降低其他食材用油量，以保证总油脂不超标。加了少量蔗糖制作爆米花，通过减少部分主食平衡总糖分。在总量不超标的前提下，乳母可以自由享受大餐与零食。		
食材评估	全天五大类十小类食材齐全，果蔬 2/3 以上为深色系，肉类有水产有畜禽。		

如何适应家庭餐，给你三条锦囊妙计

我在学员群做过一个调查："你在坐月子时，每天吃几个鸡蛋？"一位40多岁的月嫂说："我每天吃13个鸡蛋。"年轻的学员们还在对此惊讶不已时，中年学员已纷纷敲出7个、8个、10个等回复。我接着问她们："满月后每天还吃这么多吗？"一位学员说："那怎么可能呢？满月后就很少吃鸡蛋了。"

传统的进补方式，重视月子而忽视整个哺乳期。这种"虎头蛇尾"的状态，造成女性以生产为分水岭，日益衰老。如今，这种现象依然存在。比如，舍得花3~5万元在月子会所住一个月，或者请月嫂居家照顾，而满月后，乳母开始和家人一起吃"桌饭"。

怎么既不麻烦全家人，又能满足瘦哺所需呢？本节将送你三个锦囊妙计，让你以整个哺乳期为时间轴，调理身体。

一、巧分餐：准备一人食餐具，通过分餐适应家庭餐

1. 分餐的好处

饮食，直接影响新妈妈的体质与奶量。而一家人围桌而食，乳母会常常在无意识状态下吃多了，或者饮食比例不协调。而分餐，就是平衡这一矛盾的最佳形式。

首先，分餐可预防传染病及交叉感染。其次，分餐利于把控进餐量，避免

无意识进食，让乳母不知不觉瘦下来。最后，可根据"油"字瘦哺模型，检查食材清单及比例，以弥补家庭餐的不足。若家庭餐缺少杂粮、牛奶、水果等，可通过加餐或半成品食材来弥补。当家庭餐含不适合乳母食用的辛辣食材，也可通过分餐来回避。

图 5-2-1　在哺乳期适应家庭餐

2. 如何选择分食餐具

(1) 早餐较简便，准备"牛奶杯＋小碗＋大圆盘或方盘"即可

图 5-2-2　早餐分食餐具示例

若家人在你的影响下，都实行分餐制，那么所有家庭成员的精准营养便容易实施了。同时，每人一个大圆盘，可大大减少每人几个小盘子、小碗的清洗量。

（2）午餐和晚餐食材较丰富，分格餐盘可以帮助你

图 5-2-3 中的分格餐盘可完全满足"油"字瘦哺模型的需要。在大方格中放主食，将羹汤或牛奶放入圆碗里；3 个小方格中，其中 1 个小格子盛放荤菜，另外 2 个小格子放果蔬。

食用炒饭、饺子、汤圆、面条等混合食物时，用常见家庭餐具即可。

图 5-2-3　分格餐盘示例

二、会调餐：常备半成品食材，弥补家庭餐的短板

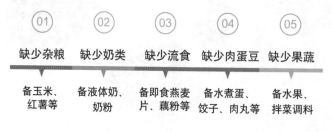

01	02	03	04	05
缺少杂粮	缺少奶类	缺少流食	缺少肉蛋豆	缺少果蔬
备玉米、红薯等	备液体奶、奶粉	备即食燕麦片、藕粉等	备水煮蛋、饺子、肉丸等	备水果、拌菜调料

需回避辛辣食物、酒精、加工肉类、腌菜等非新鲜食物

图 5-2-4　常备半成品食材示例

本书中的五星级食材选购清单，适合 2 岁以上所有家庭成员。若家人一时无法适应，可通过半成品食材实现食物种类齐全。无论是缺少杂粮、水果，还是奶类等，都为你设计了调整方案。

1. 缺少杂粮时

（1）快速蒸制法

采购新鲜玉米、山药、红薯等蒸熟后即可食用的杂粮。烹饪家庭餐时，为自己蒸一份即可。

（2）冲饮法

储备燕麦片、魔芋粉、杂粮糊等即食杂粮，当全天饮食缺少杂粮时，用热水冲调即可食用，在本书多个食谱中都会看到它们的身影。

图 5-2-5　蒸制食物示例

2. 缺少奶类时

当奶类缺席时，钙、水分、蛋白质等营养元素也会缺乏。只要你重视，它们随时都能回来。无论是液体奶还是奶粉，饭中或加餐时喝一杯，像倒一杯水一样简单。它们还可与薯类、水果混搭，百变口味由你决定。

3. 缺少流食时

若三餐没有流食，饱腹就需要更多能量，容易囤积脂肪。因为与其他家庭成员相比，乳母需多喝约 600~800 mL 饮用水，这一点常常被忽略。这样，便会出现乳母体重增加、奶量下降的局面。

家中可储备牛奶、藕粉、燕麦片、杂粮粉等，随时冲饮；也可储备半成品食物如汤圆、饺子、馄饨、芋圆等随时烹煮食用，便可弥补流食的缺口。

4. 缺少肉蛋豆类时

若全家人都不喜欢鸡蛋，你可以为自己煮一个鸡蛋或蒸一碗蛋羹。若大家都不吃肉食，你可在闲暇时制作肉丸、肉包子等食材，随时烹煮。若缺少大豆，你可备一盒大豆粉，或者买一盒内酯豆腐，蒸熟后加生抽或者加糖，制作一份鲜甜皆宜的豆腐脑。

图 5-2-6　水煮蛋　　　图 5-2-7　芋圆豆花　　　图 5-2-8　肉包子

5. 缺少果蔬时

水果是最简便的加餐食材，你可在两餐之间，像吃零食一样食用水果。若蔬菜不足，你可将蔬菜焯水后，用凉拌汁调味后食用。

图 5-2-9　葡萄　　　　　5-2-10　胡萝卜丝拌甘蓝

均衡营养就像下一盘棋，当你心中有棋谱，无论面对什么棋局，你都能恰当落子，取得胜利。营养调理，关键不在厨艺，而在统筹安排能力。

三、聪明地吃大餐

什么是大餐呢？对于我来说，大餐就是一提到它就馋，但又不能立即吃到的美食。大餐，就是我们的心头好，若长期分离，幸福感就会大打折扣。下面，我分五个场景为你展示享用大餐的方式，做一个口福"爆棚"的母乳辣妈。

1. 低糖低脂、取材新鲜的大餐：想吃就吃

低糖低脂、取材新鲜的大餐，是美味与健康的共生体，大家可以想吃就吃，如牛排、寿司、比萨、家庭火锅等。如果太贵，就偶尔解馋；如果太复杂，就下馆子；如果时间充足，就采购原料在家做。

图 5-2-11　五彩寿司

图 5-2-12　水果比萨

以火锅为例，你可选择菌菇汤底的清汤火锅，回避重油、重盐、重辣的底料。在家炖一锅排骨汤、鸡汤或鱼汤等，搭配喜欢的食材和蘸酱，也可满足不同家庭成员的口味。

2. 油腻伴侣：高脂食材"拖后腿"，吸油食材促代谢

对于食材健康、少盐、不辛辣而油脂超标的大餐，可减少其他菜品的用油量，保证全天总油量不超标即可。例如，红烧肉搭配热拌西蓝花、油淋茄子搭配清蒸鱼。这样将高油食物与低油菜肴相结合，整餐的平均用油量就下降了。

3. 甜蜜伴侣：不加糖的甜品，才是真健康

当你想喝饮料时，将自带甜味的水果、南瓜、红薯等加到牛奶、豆浆或粥等流食中，就可自制家庭饮料。若将这些食材加到面粉、淀粉或者大米中，可以制作红薯球、甜饼、果薯馒头等甜食，满足健康与美味的双重需要。

图5-2-13　红心火龙果奶昔　　图5-2-14　紫薯球

4. 辛辣刺激食材：缓兵之计

温润的食材养胃，刺激性食材有味。辣椒、花椒等调料中的辣椒素，可刺激神经促进肠胃蠕动而促进食欲，亦可随乳汁进入宝宝体内，让宝宝肠胃蠕动过快而腹泻。因此，在月子期，不建议乳母食用辛辣刺激食材。

若哺乳数月都不能吃辣味，对于喜欢辣味的乳母来说，是一种折磨。你可在宝宝满月后，先少量尝试有辣味的食物，观察宝宝表现。若宝宝有异常反应则减量，日后再尝试；若宝宝无恙，可逐步增加。不过，哺乳期中的辛辣食材不易日常化，偶尔选用解解馋，就可以了。

5. 特色美食：采购配料＋美食软件

随着人口与文化的流动，不同国家和地区的特色美食店，逐渐走进大街小巷。如来自国外的韩式泡菜饭、日式寿司、牛排、三明治、泰式咖喱饭、意大利面等；我国不同地区的特色美食，如广东的肠粉、广西的螺蛳粉、台湾的豆花、云南的过桥米线等；还有"网红"创意美食，如西米露、水晶包；等等，由于美味、新奇而广受欢迎。

其实，大多数美食也仅仅是当地的家常便饭，我们与它的距离只差了"原材料＋烹饪方法"。例如，买一盒咖喱，可以制作各种咖喱饭；买一盒寿司海苔，能制作全家人分量的紫菜包饭。若你不知道烹饪方法，软件商店里各种美食软件一定可以帮助你。

图 5-2-15　咖喱土豆鸡肉饭　　　　图 5-2-16　西红柿鸡蛋三明治

很多宝妈的生活圈子不断缩小到以家为轴心，重复运转，而我们可以通过不断更新食谱，在自家餐厅里，"打卡"世界各地的美食，让生活充满新鲜与仪式感。当你想吃某种美食时，可一边打开美食软件看教程，一边根据教程网购不常见的原材料。相信我，大部分菜品的烹饪方法都很简单。

制作美食的过程，就像绘制一幅画或做手工，在作品呈现时其乐无穷。美食，可以治愈一切，疗效主要发生在制作美食的过程中。你可以根据自己所需、自己所想，"烹调"自己的幸福人生。

第三节 背奶妈妈的营养宝典，点餐+带餐攻略

一、乳母点餐攻略：不做饭、不带餐，也能拥有瘦哺范

阳光雨露决定植物的长势，饮食决定乳母背回怎样的乳汁。若不方便带便当，点餐就成了一门技术活。市售早餐，普遍缺少杂粮或蔬菜；午餐和晚餐，普遍重油盐；一个人吃饭，点多了吃不完，点少了品种不够……要如何平衡呢？

直观的"油"字瘦哺模型，就是点餐的指路明灯。即正餐含1碗主食（面食减半）、1碗羹汤、2/3碗蔬菜、1/3碗肉蛋豆，安排水果、奶类和坚果这三种食物到任一餐。以此为标准，你就可以把营养全面的食材召唤到餐盘中。

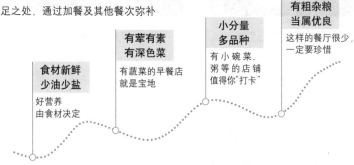

注意：
- 满足2个及以上为佳
- 不足之处，通过加餐及其他餐次弥补

食材新鲜 少油少盐
好营养由食材决定

有荤有素 有深色菜
有蔬菜的早餐店就是宝地

小分量 多品种
有小碗菜、粥等的店铺值得你"打卡"

有粗杂粮 当属优良
这样的餐厅很少，一定要珍惜

图5-3-1　乳母一人食的点餐四捷径

为了帮助你在琳琅满目的食品中，快速点餐，本节为你总结了"乳母一人食的点餐四捷径"，如图5-3-1所示，让你不做饭、不带餐，也能天天享用瘦哺餐。

1. 以早餐为例，详解点餐四捷径

（1）好营养，由食材决定：食材新鲜，少油少盐

首先，要选择新鲜健康的食材，应回避腊肉、熏鱼、火腿、香肠等加工肉类，及腌菜、泡菜、霉干菜、果脯等不新鲜果蔬；其次，用少油少盐的方式烹饪，尽量避免油炸、烧烤等烹饪方式。健康的食材，健康的烹饪，才能带来好营养。

（2）有蔬菜：有蔬菜的早餐店就是宝地

500 g叶菜的能量与35 g馒头相当。这种大个头、低能量的蔬菜，就是胃部的"占座高手"，有了它们，想能量超标都不容易。

我喜欢可以单独点蔬菜的早餐店，吃面条或蒸饺时，可以单独加一盘烫青菜。例如，烫青菜＋蒸饺（或面条与鸡蛋）＋豆浆，就是营养充足的一餐。

图 5-3-2　面条套餐

（3）小分量、多品种：有小碗菜、粥等的店铺值得你"打卡"

有些早餐店，含粥、饼、鸡蛋、馄饨等食物，品类丰富，可自主选择几种搭配。小分量、多品种、总能量不超标，可满足哺乳期多样化营养需求。

图 5-3-3　荞麦发糕

图 5-3-4　蔬菜肉末粥

（4）有粗有细，当属优良：这样的餐厅很少，一定要珍惜

推荐你看看周围是否有以粥为特色的早餐铺子，食物分量小、品种多，多款粥含杂粮。即便添加了蔗糖，增加部分能量，只要全天总能量不超标，也无妨。

①示范搭配一：黑米粥＋卤鸡蛋＋肉饼＋苹果

优点：
  有肉有蛋，有杂粮。
缺点：
  没有蔬菜。
弥补方法：
  自带一个苹果安排到早餐，中餐增加蔬菜量。

图5-3-5　黑米粥肉饼套餐

②示范搭配二：蔬菜肉末粥＋荞麦发糕＋脱脂牛奶＋蓝莓

优点：
  有荤有素，有杂粮及少许蔬菜。
缺点：
  优质蛋白质及蔬菜量少。
弥补方法：
  带一盒脱脂牛奶、一盒蓝莓。

图5-3-6　蔬菜肉末粥套餐

食材新鲜是必要条件，小分量是便捷手段，而是否有杂粮和蔬菜，需要用心挑选。能遇到这样的餐厅，你就窃喜吧；如果遇不到，你就通过加餐及其他餐次弥补。这四大点餐捷径，能满足其中两条的餐厅，就是优秀的营养餐厅。接下来，我们结合"油"字瘦哺模型和点餐四捷径，去点中餐和晚餐吧。

2. 午餐和晚餐的点餐示范

（1）一人食，关注"小碗菜"

之前到南京旅游时，我惊喜于随处可见的"小碗菜"餐厅。这类餐厅将数十种美食分别装于小碗中，价格也随分量减少而下调。食客拿着餐盘，挑选多种菜品后再统一结账。这样一份套餐的价格相当于一份盖浇饭的价格，这样的搭配我非常喜欢，也推荐给你。

图 5-3-7　上汤黄花菜

图 5-3-8　蚝油生菜

例如，外卖平台上的小碗菜，你可选择少油少盐的荤素食材。若没有杂粮米饭，配餐中可搭配土豆、山药、玉米等代替主食，再适当减少米饭即可。

（2）不知道该吃什么，就选月子餐外卖

优点：
便捷、营养、省心。

缺点：
价格高，不易找到。

弥补：
营养均衡的专业月子餐厅不易找到，可选择普通套餐，通过加餐弥补不足。

图 5-3-9　月子餐外卖示例
（国际母乳护理师叶子制作及摄影）

为减少选择困难，你可以选择已经搭配好的普通套餐，符合少油盐、菜多荤少的原则即可。

（3）这样的营养套餐，值得推荐

浏览网页时，我发现了一家餐厅推出的老鸭汤营养套餐，包含主食、肉、汤及蔬菜。主要油脂在汤中，你可以不喝汤，用一盒牛奶或豆浆代替，就能均衡营养。

优点：
　有荤有素，低油盐。
缺点：
　少杂粮。
弥补方法：
　自带牛奶，在加餐或其他餐次中增加杂粮。

图5-3-10　老鸭汤营养套餐

（4）可单独加小菜的焖炖菜

优点：
　价格实惠，味道鲜美，可单独加蔬菜。
缺点：
　汤中油脂高，缺少杂粮。
弥补：
　不饮用汤，自带牛奶或水果。加餐时首选杂粮牛奶、杂粮糊等。

图5-3-11　鱼汤泡饭套餐

（5）轻食套餐，名不虚传

轻食，即店家仅仅对食材简单处理，少油盐，保证原汁原味。这类外卖含粗杂粮、低脂肉和新鲜时蔬，主打养生与瘦身的理念。

优点：

　食材种类齐全，有荤有素、有粗有细。

缺点：

　价格昂贵，一般在40元以上，缺少流食。

弥补：

　自带牛奶，或者加餐时冲杂粮糊。

图 5-3-12　轻食套餐

"万变不离其宗"，只要你掌握了"油"字瘦哺模型的精髓，在点餐四捷径的指导下，你一定能找到适合自己的最佳点餐方案。以上仅仅示范了几种常见的点餐方法，相信你会找到更多且更好的方案。

二、乳母带餐攻略：打通从选材到食用的健康流水线

若单位附近无法找到合适的餐厅，在前一天烹饪晚餐后，可提前盛一份出来，作为第二天的午餐便当。带餐与普通家庭餐相似，遵循本书的五星级食材选购清单、三明治餐次安排法和"油"字瘦哺模型，保证每天都能营养均衡。

但带餐与家庭餐不同，家庭餐现做现吃，而便当将被储存 4~24 小时不等。我们需要从餐具、选材及储存等方面入手，降低食物存放所产生的有害物和营养素流失。

1. 餐具：选择可用微波炉加热的双层饭盒

名称：

　双层饭盒。

优点：

　饭菜可分开盛放，可微波炉加热，便于携带。

图 5-3-13　带餐饭盒

2.食材:全天食材清单不变,便当减少绿叶菜

蔬菜在储存过程中会产生亚硝酸盐,它可与体内胺类物质结合,形成致癌物亚硝胺。蔬菜中亚硝酸盐的含量,茎叶类>根块类>瓜果类。因此,带餐应少选择茎叶类蔬菜,而以深色瓜茄、根块及大豆类蔬菜为主,如胡萝卜、豆角、青红椒、西红柿、莴苣等。

图 5-3-14　营养午餐便当

依据"深色+高含水+新鲜"的原则,即使绕开茎叶菜,也能选择微量营养素丰富的蔬菜。同时,海带、菌菇类亚硝酸盐含量低,膳食纤维含量高,适合带餐。

3.烹饪:以蒸煮炖为主,带完整的水果

以蒸煮炖等轻烹饪方式为主,避免凉拌、油炸等做法。若正餐吃水果,应带完整的水果,避免切开的水果因过早接触空气而氧化。若用水果烹饪美食,应选择果酸含量较少的品种,避免水果加热后酸味变浓而影响口感。

4.搭配:参照"油"字瘦哺模型,但需要减掉羹汤

看到这里,相信你已经对"油"字瘦哺模型烂熟于心。1碗主食、1碗羹汤、2/3碗蔬菜、1/3碗肉蛋豆——这是正餐的标配,而牛奶、水果和坚果,可根据推荐量随机安排到正餐与加餐之中。

带餐时,羹汤的可选择范围更狭窄。由于含水量高的菜肴更容易滋生细菌,含油的肉汤更是细菌的温床,所以,不要带粥和汤。可用即食的牛羊奶、即冲即饮的杂粮粉、燕麦片等代替。

5. 储存：让食物快速冷却，抑制微生物生长

含水量高、氧气充足、富含营养物质、20℃~30℃的温度，最适合微生物生长。若饭菜盛到饭盒中，在空气中自然冷却，就相当于打造了一个微生物的温床。所以，将饭菜盛到饭盒后，应尽快密封，随即放到冰箱中冷却，以减少与氧气接触，缩减常温放置的时间。

为避免影响冰箱供冷及其他食材，有几点需要你重视：

• 饭盒周围留置较大空间，便于快速散热。

• 不要与其他熟食接触放置，避免因散热而增加其温度，促进细菌生长。

• 通勤时，应将饭盒放到背奶包中，可以借助蓝冰打造低温空间，避免便当在路途中因升温而滋生细菌。

• 到单位后，应及时将便当放到冰箱中冷藏。

• 中午，将饭盒放到微波炉加热即可。

公司有冰箱、微波炉的情况下，更方便背奶妈妈带餐。当然，如果公司没有的话，点餐就比带餐更健康。无论是点餐，还是带餐，只要掌握瘦哺的选材法、搭配法、餐次安排法，无论走到哪里，都能营造你的营养之家。

6. 零食：办公室常备，不开火也能天天加餐

即使上班了，身体也在持续分泌母乳，消耗能量，自然比一般人饿得快。所以，背奶妈妈也应该践行三餐三点。遵循"适时、多汁、少量、简易"这四原则，在办公室也能轻松加餐。

- 准备即食健康食物，例如水果、海苔片、板栗、全麦面包、坚果等，避免高油脂零食。
- 准备一人食小餐具：一副碗筷、汤匙、杯子及洗刷用品。
- 储备小罐装的麦片、杂粮粉、奶粉、枸杞等，用开水一冲，就是一杯营养值满分的加餐。
- 想吃高能量零食时，吃多少买多少，不要大量囤货。

我相信，在这些方法的协助下，你的办公室加餐会变得更加美味和方便。

第六章

从辅食添加到离乳

第一节　从辅食添加开始，进补量逐步下降

一、及时添加辅食，才能培养不挑食的好孩子

1. 辅食添加，是宝宝成长的需求与标志

"我家宝宝1岁10个月了，还不太会吃饭，硬一点的饭菜他都会吐出来，还总爱感冒发烧，这是缺营养吗？"

看到这位妈妈焦虑的神情，我问她何时开始给宝宝添加辅食以及辅食包括哪些食物时，她说给宝宝纯母乳喂养到10个月，辅食以软烂粥和米糊为主。我告诉她，孩子不是缺少营养素，而是固体辅食添加时间太晚，宝宝缺乏吃饭技能的"训练"。这项"训练"不是宝宝在课程化的培训中实现的，而是在宝宝满180天前后，逐步尝试固体辅食的过程中自然习得的。

这一过程，是宝宝味觉、触觉及精细动作发育的敏感期。宝宝通过咀嚼、吞咽、抓握等动作，与不同质地、味道和品种的食材，建立友好联系。若添加流质辅食的时间过久，没及时引入固体食物，宝宝将出现挑食、厌食、喂养困难等进食问题，继而营养不良、免疫力低、影响生长发育。

吃饭的技能，要在实践中获得。不是母乳不足才要给宝宝加辅食，而是辅食添加原本就是宝宝获得自主进食技能的必要阶段。

2. 合理添加辅食，才能满足宝宝不断增加的营养需求

母乳可以满足宝宝出生后180天内，除了 VD 以外全部的营养需要。而随

着宝宝长大，母乳已不能满足其全部营养需求，就像我们不能每天只喝水，不吃其他食物一样。宝宝要完成从单一食物到复合饮食、从纯液体食物到固体食物、从被人喂食到主动进食的转换。

过去，家长会逐步喂宝宝吃粥、水果、米饭等固体食物。如今，随着奶粉、米粉及果蔬泥等便捷的流质食品的出现，宝宝的固体食物引入的时间普遍较晚。一个又一个吃饭困难、需要家长追着喂的孩子告诉我们，宝宝不会自然学会吃固体食物，需要我们从小颗粒到大颗粒、从稀薄到浓稠，一步步为宝宝创造学吃饭的条件。

因此，世界卫生组织及中国营养学会建议，在宝宝出生满180天后开始添加辅食，逐步从单一饮食转换到以谷类为主食、以奶类为副食的复合饮食模式。

3. 出现这几个信号，就要给宝宝加辅食了

鉴于宝宝发育的唯一性，在宝宝出生满150天左右时，你就需要及时捕捉宝宝需要添加辅食的信号。若宝宝出现以下情况，可以综合分析后，从高铁米粉开始逐步引入辅食。

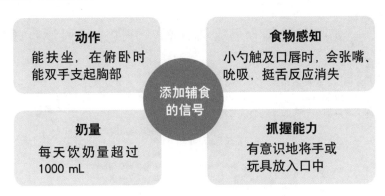

原则上在宝宝出生满180天开始添加辅食，
也需结合以上情况调整时间

图6-1-1　添加辅食的信号

（1）宝宝能扶坐，在俯卧时能双手支起胸部

这说明宝宝体能消耗较大，活动能力强，可支撑上半身。

（2）小勺触及口唇时，会做张嘴、吮吸，挺舌反应消失

挺舌反应，指当食物触及宝宝嘴唇时，他们伸出舌头将其推出去的本能反应，这可避免固体食物过早进入口腔，引起宝宝窒息，也意味着宝宝未做好接受奶以外其他食物的准备。而挺舌反应消失，是辅食添加的一个灵敏信号。

（3）每天饮奶量超过 1000 mL

若宝宝每天饮用 1000 mL 奶以后，仍无饱足感。增加奶量将会让宝宝摄入过量水分，而增加其肾脏负担，此时便需要引入更浓稠的辅食。

乳母如何衡量喂奶量呢？可通过称量宝宝吃奶前后的体重差，来衡量宝宝每顿可以喝多少奶，再根据餐次推算出全天的饮奶量。推荐使用误差在 100g 以内的婴儿体重秤称量。

（4）有意识地将手或玩具放入口中

这是宝宝具备自我进食能力的一个信号。你可根据宝宝发育状况，结合以上几条，适时为宝宝添加辅食。

二、 奶喂养及辅食各安排几餐？分四个阶段逐步改变

注意：
• 1 周岁以内，以奶类为主
• 1~2 岁，平分秋色
• 2 周岁及以后，谷类为主，奶类为辅

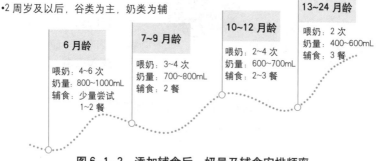

6 月龄
喂奶：4~6 次
奶量：800~1000mL
辅食：少量尝试
1~2 餐

7~9 月龄
喂奶：3~4 次
奶量：700~800mL
辅食：2 餐

10~12 月龄
喂奶：2~4 次
奶量：600~700mL
辅食：2~3 餐

13~24 月龄
喂奶：2 次
奶量：400~600mL
辅食：3 餐

图 6-1-2　添加辅食后，奶量及辅食安排频率

资料来源：《婴幼儿营养与喂养指南》，《中国妇幼健康研究》（2019 年第 4 期）

辅食也被称为离乳食品，奶量与辅食之间此消彼长。当泌乳量下降时，乳母摄入的能量值应随之降低。

1.6 月龄：奶量维持不变，保证乳母能量供应

在宝宝添加辅食的早期适应阶段，辅食摄入量有限，应保持原有奶量。待辅食可成为独立一餐时，再减少奶量，并随之减少乳母进补量。

2.7~9 月龄：辅食独立代替 1~2 顿奶，乳母饮食回归到产后 2~3 月水平

当宝宝 7~9 月龄时，全天可为宝宝安排 2~3 次辅食，从少量适应到能代替 1~2 次奶。此时，奶量仍维持每天 600~800 mL 的高水平，与产后 2~3 月相近。乳母全天能量值为 1800~2100 kcal，食物总分量无明显变化。

3.10~12 月龄：辅食独立代替 2~3 顿奶，乳母饮食回归到哺乳初期的水平

10~12 月龄的宝宝，辅食可代替 2~3 次奶，每天哺乳 2~4 次即可。吮吸次数减少，泌乳量及能量消耗量降低。此时，乳母的全天摄入能量值与月子期间相当。

4.13~24 月龄：辅食成为独立的三餐，保证乳母的蛋白质、钙等营养素摄入量

有学员问，宝宝 1 周岁以后，母乳还有营养吗？当然有，只是不能满足宝宝的全部需要了。此时每天哺乳 2~3 次，你也需要择机为离乳做准备了。此时的乳母饮食总能量略高于孕前水平，要保证水分、钙及高蛋白食物的摄入量。

三、辅食添加后，乳母的三餐三点示范

1. 辅食添加后，乳母的食谱及食材采购清单

表 6-1-1 辅食添加后全天食谱示范

辅食添加后全天食谱示范（1900 kcal）		
餐次	食谱	食材
早餐	杂粮蛋卷、 枸杞蒸蛋、 豆角炒玉米	60 g 全麦面粉、20 g 紫甘蓝、 10 g 胡萝卜、80 g 新鲜玉米粒、 75 g 鸡蛋（约 1.5 个）、 10 g 枸杞、70 g 豆角
早点	脱脂牛奶	200 mL 脱脂牛奶
午餐	黄焖鸡米饭、 烫青菜、 豆浆	（外卖预估量） 200 g 米饭、70 g 带骨鸡块、 200 mL 豆浆、10 g 腐竹、 30 g 胡萝卜、50 g 大白菜、 100 g 青菜
午点	核桃脱脂牛奶	10 g 核桃仁、200 mL 脱脂牛奶
晚餐	牛排意大利面、 蓝莓山药、 芦笋山药杏鲍菇汤	65 g 意大利面、80 g 山药、100 g 芦笋、 50 g 杏鲍菇、30 g 小西红柿、 50 g 蓝莓、100 g 牛排、10 g 花生
宵夜	酸奶水果沙拉	70 g 橙子、50 g 猕猴桃、 20 g 小西红柿、50 g 蓝莓、 100 mL 原味酸奶
备注	全天用盐不超过 6 g，全天 28 g 油，2100~2300 mL 水。	

216

2. 辅食添加后，乳母全天营养餐步骤及营养解析

(1) 早餐 + 早点：杂粮蛋卷 + 枸杞蒸蛋 + 豆角炒玉米

食材：

60 g 全麦面粉、20 g 紫甘蓝、10 g 胡萝卜、200 mL 脱脂牛奶、80 g 新鲜玉米粒、75 g 鸡蛋（约 1.5 个）、10 g 枸杞、70 g 豆角。

关键步骤：

①将紫甘蓝切碎后，加入蛋液、水、葱花、盐、芝麻油后，搅拌均匀。筛入全麦面粉，按顺时针搅拌成黏糊状。平底锅抹油，倒入面糊，小火慢煎，待饼液凝固，再翻面煎至微黄即可。

②一边煎饼，一边蒸蛋，待饼煎好后，蛋羹也蒸好了，接着炒蔬菜。如此，一份全营养早餐就做好了。

营养解析：

• 这是一款高饱腹感精力餐，富含钙、钾、镁等营养素，可舒缓神经缓解疲劳；全麦面粉、蔬菜和脱脂牛奶中所含的维生素 B 族可促进肠胃蠕动，

图 6-1-3　辅食添加后早餐示例

即便摄入高蛋白的蒸蛋也能轻松消化。

• 带一盒脱脂牛奶上班，在上午 10 点左右拿出来喝，既简单快捷，又能快速补充水分与蛋白质。

(2) 午餐：黄焖鸡米饭 + 烫青菜 + 豆浆

食材（外卖预估量）：

200 g 米饭（约 62 g 大米）、70 g 带骨鸡块、200 mL 豆浆、10 g 腐竹、30 g 胡萝卜、50 g 大白菜、100 g 青菜。

点餐窍门：

①第一次吃黄焖鸡米饭时，我就

爱上了它。如图6-1-4这款午餐，有肉、有腐竹，还有多种配菜，如大白菜、胡萝卜等，有肉有豆、有荤有素。

②鸡肉中的油大多已炖到汤中，我只吃肉，不喝汤，利用豆浆补充水分。

③这份套餐原本搭配的米饭足有500 g，我让老板减掉半碗饭，而外加一盘烫青菜。掌握"油"字瘦哺模型，点外卖也能安排瘦哺餐。

营养解析：

• 这是一款可辅助调脂降压的瘦哺餐。豆制品中的植物甾醇可促进胆固醇代谢，鸡肉富含单不饱和脂肪酸

可预防炎症与血脂异常，富含抗氧化物的多彩蔬菜能保护血管免受损伤。一般宝妈和血脂、血压偏高者都适用。

图6-1-4　辅食添加后午餐示例

（3）午点：核桃脱脂牛奶

食材：

10 g核桃仁、200 mL脱脂牛奶。

关键步骤：

将核桃与牛奶放入料理机，打成核桃露。

营养解析：

脱脂牛奶补充钙与蛋白质，强身健体；核桃富含不饱和脂肪酸，促进宝

宝智能发育。这是一款母婴双补的优质下午茶。

图6-1-5　辅食添加后午点示例

218

（4）晚餐：牛排意大利面＋蓝莓山药＋芦笋山药杏鲍菇汤

图6-1-6　辅食添加后的晚餐示例

食材（外卖预估量）：

　　65 g 意大利面、80 g 山药、100 g 芦笋、50 g 杏鲍菇、30 g 小西红柿、50 g 蓝莓、100g 牛排、10 g 花生。

点餐窍门：

　　①遵循有荤有素、有粗有细、有汤水的原则。

　　②不选择炸鸡、炸薯条等高热量小吃。

　　③牛排分量已达100 g，就不再选择肉类小吃，用蓝莓山药和芦笋山药杏鲍菇汤代替。

营养解析：

　　•牛排的脂肪含量低于猪肉，而铁、锌及蛋白质含量略高一筹。意大利面饱腹感强。这样的搭配，利于产后体力恢复、紧致皮肤。

　　•芦笋、蔬菜汤和山药泥富含可溶性膳食纤维，利于稳定产后血脂、血压和血糖水平。

（5）宵夜：酸奶水果沙拉

食材：

70 g 橙子、50 g 猕猴桃、20 g 小西红柿、50 g 蓝莓、100 mL 原味酸奶。

关键步骤：

将水果切块后，淋入酸奶即可。

营养解析：

• 用酸奶代替高热量的沙拉酱，减少额外能量来源。

• 奶与果蔬结合，预防胶原蛋白流失、皮肤及肌肉松弛，防控压力性尿失禁等。

图 6-1-7　辅食添加后宵夜示例

四、辅食添加后，乳母的全天食谱解析及食材清单评估

表 6-1-2　辅食添加后"油"字瘦哺模型解析

辅食添加后"油"字瘦哺模型解析		
早餐及早点	午餐及午点	晚餐及宵夜

辅食添加后"油"字瘦哺模型解析		
早餐及早点	午餐及午点	晚餐及宵夜
1 碗主食：杂粮蛋卷（体积减半）+ 玉米粒 2/3 碗蔬菜：炒时蔬 + 饼中菜 1 碗汤：蛋羹中溶解的水 1/3 碗肉蛋豆：鸡蛋	1 碗主食：白米饭 2/3 碗蔬菜：烫青菜 + 黄焖鸡中配菜 1 碗羹汤：豆浆 1/3 碗肉蛋豆：鸡块 + 豆浆	1 碗主食：意大利面 + 山药 2/3 碗蔬菜：芦笋 + 小西红柿 + 杏鲍菇 1 碗羹汤：芦笋山药杏鲍菇汤 1/3 碗肉蛋豆：牛排
加餐评估	考虑到部分新手妈妈已上班，全天加餐应具有便携性，分别安排可零烹饪食用的盒装脱脂牛奶、核桃脱脂牛奶和酸奶水果沙拉。	
"氵"型食材分布	牛奶用于早点和宵夜，水果用于晚上加餐，全天未出现坚果。	

表 6-1-3 辅食添加后食材清单及评估

食材清单及评估	
食材清单	五星级清单：含五大类、十小类食材
	谷薯类 - 粗细搭配：全麦面粉、玉米、大米、意大利面、山药。 果蔬类 - 深色新鲜：紫甘蓝、胡萝卜、大白菜、芦笋、小西红柿等。 肉蛋类 - 水陆俱全：无水产，含鸡蛋、鸡肉、排骨。 奶豆类 - 注明品类：脱脂牛奶、酸奶、腐竹、豆浆。 油脂类 - 控制总量：芝麻油等。

食材清单及评估			
	食材名称	实际摄入量	推荐摄入量
食材分量	谷薯类	80 g 薯类、225 g 谷物	300~350 g
	水果	220 g	200~400 g
	蔬菜	490 g	400~500 g
	肉蛋	225 g	200~250 g
	奶类	500 mL	300~500 mL
	大豆类	25 g（200 mL 豆浆 + 10 g 腐竹）	25 g
	坚果种子类	10 g	10 g
	食用油	28 mL	25~30 mL
备注	推荐摄入量中，谷薯类为干粮可食部分生重；肉类，为去骨、壳与刺后的生肉重量；大豆，以干大豆重量计；奶类，为液体奶重量。表中部分食材总量是据此换算后再相加，故与原数据总量有差异。		
烹饪特点	这一食谱同时安排了家庭早餐、外卖套餐和西餐。午餐以炖、烫为主；晚餐以蒸、煎、炖为主。无论是家庭餐还是在外点餐，选择健康的烹饪方法与食材，就都是营养餐。		
食材评估	五星级食材齐全，全谷物主要集中于早上。		

第二节　离乳不离爱，自然离乳的营养配餐术

一、代餐：离乳并不是断奶，这是一场接力赛

小飞的动手能力很强，才满 1 岁，他就会自己用勺子吃软米饭了。可是，他在一岁半以后，身高竟落后于同龄的孩子，还常生病，这是为什么呢？

原来，由于小飞很会吃饭，在离乳后，就没有喝任何奶了。其实，饮奶并非仅仅为了饱腹，1~2 岁的宝宝每天依然需要 400~600 mL 奶，它承载着宝宝60%~80% 的钙来源，也占宝宝蛋白质来源的半壁江山，这是其他食材难以替代的。虽然可通过增加肉蛋弥补，但由于过量食用会引起孩子消化不良，而无法满足需要量，且肉中钙含量无法与奶类媲美。

所以，即使小飞每天吃足量的饭菜，由于缺乏肌肉和骨骼发育的关键原料——钙与蛋白质，所以身材矮小、免疫力低下。离乳，并不是断奶，而是奶液的接力赛，需要从母乳转换为配方奶粉、牛奶、羊奶等其他奶制品。

离乳后，宝宝应该喝什么奶呢？不同年龄段，选择不同。

若宝宝在 1 岁前离乳，应选择婴儿配方奶粉代替母乳。由于 1 岁以内，乳汁是宝宝的主要营养来源，鲜牛羊乳的营养结构与母乳区别大，若全部用其代替母乳，将引起宝宝营养不良或不适。仅添加辅食后，可少量尝试。

宝宝在 1~2 岁之间离乳，仍应以婴儿配方奶粉为主。由于宝宝可从复合食物中摄取多种营养素，对乳汁依赖降低，可少量搭配鲜奶、纯牛奶及酸奶。

若宝宝在 2 岁以后离乳，可将选奶范围扩宽到纯牛羊奶、鲜奶、酸奶及配方奶粉等多个品种，成为多样化饮食的一环。

二、减餐：至少提前 1 个月引入其他奶类，并递减乳母食材

1. 至少提前 1 个月，让宝宝开始转奶

小区里有个七八个月大的小女孩，整天泪汪汪的。奶粉只喝几口，奶奶拿面包喂她，她也把头扭到一边。原来她的妈妈没有任何征兆，为了给她"断奶"就在单位宿舍住了两天不回家。母乳已断而宝宝又不愿意喝奶粉，辅食量有限。这段青黄不接的时间，谁来保证宝宝的营养呢？老人常说的"宝宝断奶后爱生病"，大多数情况都是因为没做好衔接工作，把宝宝"饿"病的。

不要等到离乳后，才让宝宝喝奶粉。你应该至少提前 1 个月开始转奶，先用奶粉替代 1/4 母乳，再替代 1/3~1/2 母乳，直到奶粉达到推荐奶量。当然，在宝宝 6 个月以后，逐步引入混合辅食，也是同样重要的一个环节。

2. 乳母做好这三件事，母乳自然减少

转奶后，当宝宝发现吮吸母乳困难、奶量少，而喝奶瓶更轻松、奶液更充沛时，宝宝就会"变心"了。当你通过以下三个途径让母乳减产，宝宝就更乐于投入奶粉的怀抱。

在前文中有提到，增奶有四宝：好心情、勤吮吸、多能量和多水分。除了依然需要维持好心情，离乳就是增奶的逆过程。

（1）积极转奶，减少哺乳次数

宝宝吮吸次数越少，乳母的大脑接收到的泌乳信息越弱，乳汁就越少，而宝宝吃奶兴趣也就随之下降了。如此"负面循环"，离乳就指日可待了。

（2）减少液体摄入量

切断合成乳汁的水来源，三餐和加餐不必餐餐有流食，全天饮水量可下降 200~600 mL。奶类摄入量从 300~500 mL 逐步回归到 300 mL 以下，泌乳量便会随之降低了。

（3）降低能量值

每分泌 100 mL 乳汁，约消耗 80 kcal 能量。当乳母的摄入能量不足时，奶量可下降 50%，直至离乳。由于离乳会持续一段时间，身体仍将消耗蛋白质、锌等营养素，所以，应先通过减少主食和油脂降低能量值，再将肉蛋总量从 200~250 g 调到 130~200 g。

下文中的食谱，就是根据这一原则设计的。虽然能量推荐值为 1800 kcal，但是降低了主食比例。维持哺乳期高蛋白、高钙的膳食模式，让关键营养素陪着我们跑赢哺乳期最后一段路。

三、回归常态期，离乳餐食谱示范

1. 离乳期食谱及食材采购清单

表 6-2-1　离乳期全天食谱示范

离乳期全天食谱示范（1800 kcal）		
餐次	食谱	食材
早餐	虾仁青豆意大利面、 秋葵蛋卷、 红心火龙果脱脂牛奶	75 g 意大利面、 30 g 青豆、50 g 虾仁、 50 g 鸡蛋、40 g 秋葵、 200 mL 脱脂牛奶、50 g 红心火龙果
午餐	杜果紫米饭、 清炒鹅米豆、 胡萝卜烧牛肉、 香煎巴沙鱼	25 g 大米、50g 紫糯米、100 g 杜果、 40 g 巴沙鱼、50 g 牛肉、 50 g 鹅米豆、50 g 胡萝卜、 50 g 红椒、30 g 芦笋、20 mL 椰浆
午点	炒板栗	100 g 板栗

离乳期全天食谱示范（1800 kcal）		
餐次	食谱	食材
晚餐	薯香水果燕麦粥、水煮玉米、什锦香干鸡胸肉、炝生菜	40 g 裸燕麦、5 g 魔芋粉、100 g 带棒玉米、20 g 红薯、20 g 紫薯、50 g 鸡胸肉、20 g 腐竹、30 g 芹菜、100 g 生菜、50 g 彩椒、50 g 红心火龙果
宵夜	脱脂牛奶	15 g 脱脂奶粉
备注	全天用盐不超过 6 g，全天 25 g 油，1500~1900 mL 水，20 mL 椰浆。	

2. 离乳期乳母全天营养餐步骤及营养解析

（1）早餐：虾仁青豆意大利面＋秋葵蛋卷＋红心火龙果脱脂牛奶

食材：

75 g 意大利面、30 g 青豆、50 g 虾仁、50 g 鸡蛋、40 g 秋葵、200 mL 脱脂牛奶、50 g 红心火龙果。

关键步骤：

①在前一天晚上将青豆、秋葵等食材洗好，再将河虾去虾线，清洗后，分别放到保鲜盒冷藏。在第二天清晨一边煮面、一边煎蛋，双锅齐开可节约一半的时间。

②水烧开后，将双色意面放进去煮 10~15 分钟，变软后加少许橄榄油、食盐，再倒入虾仁、青豆和秋葵焯烫，待虾仁变红、秋葵与青豆颜色变深即

图 6-2-1　离乳期早餐示意图

可捞出。吸收了油脂与盐分的秋葵，即使捞出后不过凉，也可以保持翠绿。

③在煮面的同时，开始制作秋葵蛋卷。将鸡蛋打散后加少许盐，不粘锅加热后抹油，将蛋液均匀地倒入锅底。

当你看到蛋液四面微翘且凝固时，翻另一边继续煎至凝固，就可以起锅了。将秋葵平铺在蛋皮上，一层一层卷起来，再切成1 cm左右长短的圆柱形，黄绿相间的色彩仿佛把春天带到餐桌。

④盛出意面后，加入河虾、青豆，淋入黑椒汁搅拌入味。

⑤用勺子将红心火龙果碾成泥糊状浸入牛奶杯，你就可以享用这份色彩斑斓的营养早餐了。

营养解析：

• 所有食材都是低脂高蛋白的典范。以杜兰小麦为原料的意大利面，其蛋白质含量高于一般面条，与富含蛋白质的青豆、虾仁、鸡蛋、牛奶食材混搭，蛋白质利用率更上一层楼。

• 蛋白质在被消化过程中，将消耗较多水分。因此，水果奶昔就是最佳伴侣。同时，秋葵与青豆富含的膳食纤维和VB可促进肠胃蠕动，避免腹胀与便秘。

（2）午餐：杜果紫米饭＋清炒鹅米豆＋胡萝卜烧牛肉＋香煎巴沙鱼

食材：

25 g大米、50 g紫糯米、100 g杜果、40 g巴沙鱼、30 g牛肉、50 g鹅米豆、50 g胡萝卜、50 g红椒、30 g芦笋、20 mL椰浆。

关键步骤：

①紫米饭蒸熟后，加杜果块并淋入少量椰浆，软糯可口。

②鹅米豆洗净后两边去头去筋，放到开水中焯1分钟捞出。炒锅放油，油温七成热时，倒入鹅米豆翻炒两分钟，加盐后，再翻炒1分钟即可。

③巴沙鱼解冻后，表面抹盐腌制10分钟，平底锅抹油烧热后转中小火，将巴沙鱼煎至两面金黄即可。

④牛肉切条煸炒至变色后盛出。炒锅里放油烧至七成热时，放葱蒜爆

图6-2-2 离乳期午餐示例

227

香，加胡萝卜、红椒、芦笋，炒至变软后，再把牛肉丝倒进锅里，加盐和蚝油再翻炒1分钟即可。

营养解析：

• 胡萝卜、芦笋和鹅米豆烹饪后，所产生的亚硝酸盐低于叶菜，适合

做便当。粗糙的紫糯米与杧果结合后，兼具饱腹感与美味。这份便当有鱼有肉、粗细相间、色彩丰富，具有明目润肤、预防便秘和减重增乳的功效，适合满月后，肠胃功能正常的宝妈。

（3）午点：炒板栗

图 6-2-3 离乳期午点示例

食材：

100 g 板栗。

营养解析：

• 板栗富含碳水化合物，可代替主食作为加餐，饱腹感强。

（4）晚餐：薯香水果燕麦粥＋水煮玉米＋什锦香干鸡胸肉＋炝生菜

食材：

40 g 裸燕麦、5 g 魔芋粉、100 g 带棒玉米、20 g 红薯、20 g 紫薯、50 g 鸡胸肉、20 g 腐竹、30 g 芹菜、100 g 生菜、50 g 彩椒、50g 红心火龙果。

关键步骤：

①首先用冷水泡发腐竹，所有食材洗切备用。

②一边煮玉米、蒸红薯紫薯，一

图 6-2-4 离乳期晚餐示例

边将鸡胸肉切成条状，放少许盐、生抽和淀粉腌十分钟。

③等待的同时，用盐、蚝油、淀粉加冷水，调成水淀粉，切蒜末和姜片备用。

④将腐竹和彩椒、芹菜一起焯水后盛出。热锅抹油，撒入葱姜末爆香，倒入鸡胸肉炒至变色，再倒入已经焯烫好的蔬菜，一边翻炒一边淋入水淀粉，使调料均匀裹在食材表面即可。

⑤另起一锅，锅热后倒入葵花籽油，加姜蒜末爆香后，倒入水淀粉，成薄胶状后，趁热淋到生菜上，炝生菜就做好了。

⑥最后烹饪的是主食薯香水果燕麦粥。将裸燕麦、魔芋粉、熟红薯和紫薯粒放到碗中，加80度温开水搅拌均匀，约2分钟即成浓稠状，再加红心火龙果调味。

营养解析

• 这是一份大体积、低能量、高蛋白的"抽脂"晚餐，也是时下流行的减脂轻食，即"杂粮＋新鲜果蔬＋低脂高蛋白"组合，只减体脂、不减紧致的肌肉。无论是哺乳期，还是离乳后，这道晚餐食谱都能让你越减越有好气色，皮肤紧致不松垮。

（5）宵夜：脱脂牛奶

图6-2-5 离乳期宵夜示例

食材：

15 g脱脂奶粉（加温水冲调成奶液）。

加餐提示：

由于此时并未完全离乳，因此预留一杯奶于晚间加餐。若已经离乳，可将这杯奶加入晚餐的燕麦中。

3. 离乳期乳母全天食谱解析及清单评估

表6-2-2　离乳期"油"字瘦哺模型解析

离乳期"油"字瘦哺模型解析		
早餐及早点	午餐及午点	晚餐及宵夜
1 碗主食：意大利面 2/3 碗蔬菜：秋葵＋青豆 1 碗羹汤：脱脂牛奶 1/3 碗肉蛋豆：鸡蛋＋虾仁 （鉴于早餐能量足、蛋白质含量高，故上午未安排加餐）	1 碗主食：紫米饭 2/3 碗蔬菜：鹅米豆＋胡萝卜＋芦笋＋红椒 1 碗汤：无 1/3 碗肉蛋豆：鱼块＋牛肉	1 碗主食：玉米＋燕麦＋红薯＋紫薯 2/3 一碗蔬菜：生菜＋彩椒＋芹菜 1 碗汤：燕麦粥 1/3 碗肉蛋豆：鸡胸肉＋腐竹
加餐评估	断奶期需适当减少能量及饮水，因此安排两次加餐。午点为板栗，宵夜为脱脂牛奶。	
"氵"型食材分布	水果融入燕麦中，让原本无味的营养餐比饮料还好喝；全天 350 mL 奶，分别用于早餐和宵夜；平均每天食用 10 g 坚果即可。当日未安排，可他日补充。	

表 6-2-3　离乳期食材清单及评估

食材清单及评估			
食材清单	五星级清单：含五大类、十小类食材		
	谷薯类－粗细搭配：含意大利面、紫糯米、大米、燕麦片、魔芋粉、玉米、板栗。 果蔬类－深色新鲜：秋葵、青豆、鹅米豆、胡萝卜、芦笋、生菜、彩椒、杞果、西瓜、红心火龙果。 肉蛋类－水陆俱全：含鸡蛋、鸡胸肉、虾仁、牛肉、龙利鱼。 奶豆类－注明品类：脱脂牛奶、腐竹。 油脂类－控制总量：葵花籽油、橄榄油。		
食材分量	食材名称	实际摄入量	推荐摄入量
	谷薯类	140 g 薯类、207 g 谷类	300~350 g
	水果类	200 g	200~400 g
	蔬菜类	430 g	400~500 g
	肉蛋类	220 g	200~250 g
	奶类	380 mL	300~500 mL
	大豆类	25 g	25 g
	坚果种子类	0 g	10 g
	食用油	25 mL	25~30 mL
备注	推荐摄入量中，谷薯类为干粮可食部分生重；肉类，为去骨、壳与刺后的生肉重量；大豆，以干大豆重量计；奶类，为液体奶重量。表中部分食材总量是据此换算后再相加，故与原数据总量有差异。		
烹饪特点	全天以蒸煮、炖、煎为主，含热拌菜。原汁原味，低脂烹调。		
食材评估	五星级食材齐全。		

第三节 离乳后这样吃，一次减肥瘦美终生

一、原则：奶可断，健康饮食习惯不能减

离乳后，宝宝再也不会趴在我们胸前酣畅地吮吸，和宝宝之间最紧密的联系似乎松绑了。你是否会像我一样，偷偷抹眼泪呢？但一看到宝宝依然喜欢腻在我怀里玩，我就释然了。离乳不离爱，我们要和宝宝一起学习，以独立的姿态相亲相爱。

就算是离乳，也不能离开美瘦的状态。在年龄渐长的岁月里，哺乳期减下去的肥肉，不应该在离乳后弹回来。我们的体型会随着饮食而动态变化，因此，没有一劳永逸的减肥方法，如果有，那一定是你习惯了可终生持续的生活方式。所以，任何不以改善生活方式为目标的减肥，都只是昙花一现。

二、方法：这五大减肥方法，离乳后接着用，让你饱瘦一辈子

哺乳期是短暂的，而体重管理是终生的。本书分享的选材、进餐等瘦身法则，适用于每一个阶段的你。断奶后，你只需要少吃为泌乳而增加的食物即可。另外，你可适当增加大餐的种类与频率。这样微调瘦哺餐之后，就成为"终生美瘦餐"了。

1.五星级食材选购清单莫忘记

经历哺乳期的女性，更具备美瘦终生的条件。因为，你已经习惯了五星级食材选购清单，离乳后仍然不要降低标准。我把它总结为 5 个锦囊，请你随身携带：

锦囊1：吃主食的减肥法，才能持续终生。让主食"穿上衣服"，减量不减饱腹感。

锦囊2：顿顿有蔬菜，天天吃水果，抗衰老营养素一生伴你走，减重不减风采。

锦囊3：有肉有蛋，才能健康瘦；挑肥选瘦，"水陆"皆有，皮肤紧绷不显老。

锦囊4：有奶有豆，强身健骨；优选低脂、脱脂牛奶，你就是身姿挺拔的"白富美"。

锦囊5：适当油脂，取材于植物，少量坚果，加餐调味。减肥也要有滋味。

本书第三章，就是五大类、共十小类食材的选用秘籍。离乳后翻翻看，它依然是你的食材选用宝典。

2. 离乳后，食材数量应回归常态

表6-3-1　一般女性与哺乳期女性的各类食物推荐量

一般女性与哺乳期女性的各类食物推荐量		
	一般女性（非孕产期）	哺乳期女性
谷薯类	200~250 g	300~350 g
蔬菜类	300~500 g	400~500 g
水果类	200~350 g	200~400 g
肉蛋类	120~150 g	200~250 g
奶类	300 mL	300~500 mL
大豆类	15~25 g	25 g
坚果及油脂	10 g 及 25~30 mL	10 g 及 25~30 mL

在"油"字瘦哺模型的基础上，每天约减少50~100 g肉蛋、200 mL奶、半碗米饭，果蔬与大豆类微减，便可转化成终生不反弹的美瘦餐。

3. 三明治餐次安排法

三明治餐次安排法不仅仅适用于哺乳期，也适用于任何时候需要减肥的你。上午及下午，我习惯吃点东西给身体"充充电"，它是延迟饥饿感的生理需要，也是我单纯想拥抱美食的心理需求。

与哺乳期女性相比，普通女性的三明治餐次安排法，除了依然遵循"以正餐为主、加餐为辅，两餐间隔2小时，加餐占全天总能量10%"等基本特点外，还有几个不同处：正餐不必餐餐有流食；加餐"零食化"，不必含流食；推荐无烹饪加餐法，如水果、坚果、牛奶等。

4. 口味及烹饪方式变化

我们终生都应该选择健康新鲜、少油、少盐的食材，这个标准不应随哺乳结束而消失。当然，偶尔食用一次腊鱼或腊肉，你也不必担心，多食用新鲜果蔬、减少其他食材油盐量即可。

以下这些饮食限制，此时可放宽条件。

- 哺乳期女性不宜吃凉拌菜。
- 哺乳期女性应控制辛辣调料食用量。
- 哺乳期女性不宜选用浓茶和咖啡。

5. 与饥饿和解的美瘦好习惯

还记得第一章第三节时，我们认识的那几个瘦哺小秘诀吗？让我们再来复习一下吧。

- 小餐具、多品种，哄骗饥饿感。

- 少食多餐，稳住饥饿感。

- 荤素搭配＋杂粮，延迟饥饿感。

- 给三餐注点水，排挤饥饿感。

- 宴会式进餐法，告别饥饿感。

当身体不被饥饿感绑架，你就能饱饱地瘦下去，这样的方式才能持续一辈子。这就是一次减肥、永不反弹的秘密所在。易瘦的生活方式，才能打造易瘦的体质。就让易瘦的体质，伴你美瘦一辈子吧。

附录：21 个瘦哺好习惯

第一部分　习惯于使用瘦哺工具

习惯 1：让运动成为一种习惯

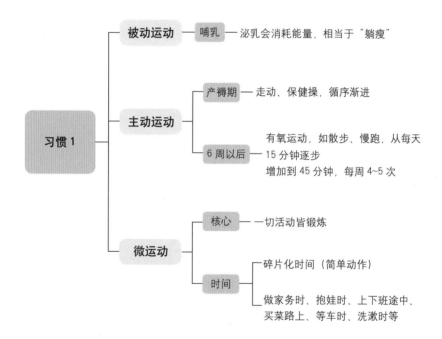

实践任务：根据你目前所处的时期，选择一种运动开始锻炼吧。

习惯2：合理规划减重目标与速度

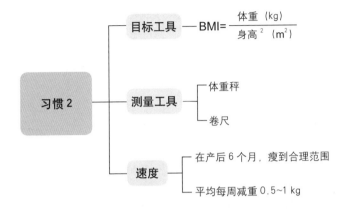

习惯2
- 目标工具 —— BMI= $\dfrac{体重（kg）}{身高^2（m^2）}$
- 测量工具
  - 体重秤
  - 卷尺
- 速度
  - 在产后6个月，瘦到合理范围
  - 平均每周减重0.5~1 kg

> 实践任务：计算自己的BMI值，评估处于哪个水平，以此设定减重目标与速度。（产后6个月内，超重1~5公斤为正常现象）

习惯3：食物与器皿都要小一点

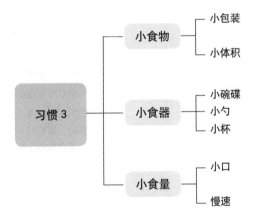

习惯3
- 小食物
  - 小包装
  - 小体积
- 小食器
  - 小碗碟
  - 小勺
  - 小杯
- 小食量
  - 小口
  - 慢速

> 实践任务：检查下你的餐具是否太大，是否经常食用大块食物，吃饭速度是否过快？如果是的话，就把大餐具换成小餐具，把大块食物换成小块食物，慢慢享受一顿哺乳餐，静静感受前后的区别吧。

习惯4：准备瘦哺衣，贴身爱自己

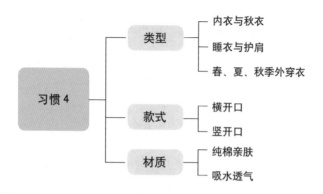

实践任务：请根据季节，为自己准备至少两套瘦哺衣。

习惯5：储备干物质食材，配餐更丰富

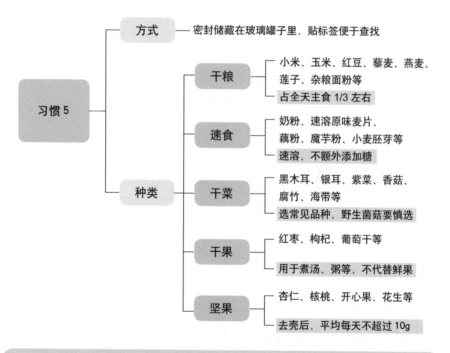

实践任务：把家中的杂粮装到玻璃罐子里，并贴好标签以便随时选用。

第二部分　习惯于这样选择食物

习惯 6：用五星级食材选购清单，每天给三餐打分

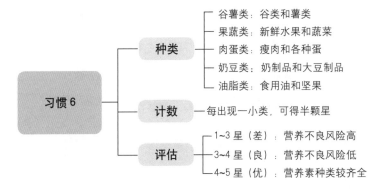

习惯 6
- 种类
  - 谷薯类：谷类和薯类
  - 果蔬类：新鲜水果和蔬菜
  - 肉蛋类：瘦肉和各种蛋
  - 奶豆类：奶制品和大豆制品
  - 油脂类：食用油和坚果
- 计数 —— 每出现一小类，可得半颗星
- 评估
  - 1~3 星（差）：营养不良风险高
  - 3~4 星（良）：营养不良风险低
  - 4~5 星（优）：营养素种类较齐全

实践任务：以全天饮食为单位，给你的三餐打分。若你发现，某一类或几类食物经常缺席，就从今天开始，把它们请到餐桌上吧。

习惯 7：粗细巧搭配，饱饱瘦下去

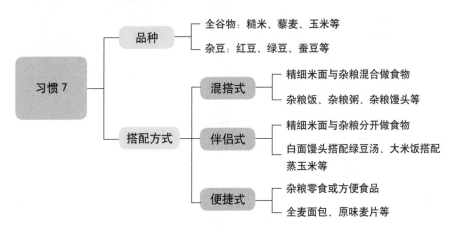

习惯 7
- 品种
  - 全谷物：糙米、藜麦、玉米等
  - 杂豆：红豆、绿豆、蚕豆等
- 搭配方式
  - 混搭式
    - 精细米面与杂粮混合做食物
    - 杂粮饭、杂粮粥、杂粮馒头等
  - 伴侣式
    - 精细米面与杂粮分开做食物
    - 白面馒头搭配绿豆汤、大米饭搭配蒸玉米等
  - 便捷式
    - 杂粮零食或方便食品
    - 全麦面包、原味麦片等

实践任务：选择一种搭配方式，吃一顿粗细粮搭配的营养餐，直到习惯成自然。

习惯 8：天天有薯类、味美又减肥

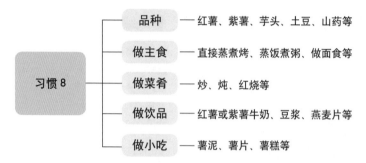

习惯 8
- 品种 —— 红薯、紫薯、芋头、土豆、山药等
- 做主食 —— 直接蒸煮烤、蒸饭煮粥、做面食等
- 做菜肴 —— 炒、炖、红烧等
- 做饮品 —— 红薯或紫薯牛奶、豆浆、燕麦片等
- 做小吃 —— 薯泥、薯片、薯糕等

实践任务：任选一种薯类做美食，连续一个星期不重样。

习惯 9：每天喝低脂或脱脂牛奶

习惯 9 —— 品种
- 来源：以牛羊奶为主
- 类型：纯奶、鲜奶、酸奶、低脂牛奶、脱脂牛奶、奶粉

实践任务：以低脂或脱脂牛奶为原料，加上薯类或水果后，自制一杯牛奶饮料吧。

习惯 10：餐餐吃多彩蔬菜

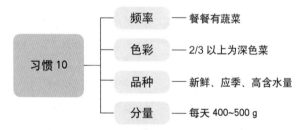

习惯 10
- 频率 —— 餐餐有蔬菜
- 色彩 —— 2/3 以上为深色菜
- 品种 —— 新鲜、应季、高含水量
- 分量 —— 每天 400~500 g

实践任务：回顾一下自己平时哪餐缺少蔬菜，从明天起补上吧。若平时就餐餐都有蔬菜，就继续坚持，同时保证 2/3 以上为深色菜。

习惯 11：水果天天见

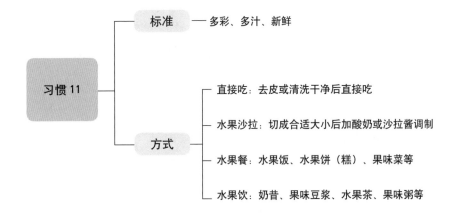

实践任务：选择一种你最不常用的食用方式，享受一次水果大餐吧。

习惯 12：弃肥选瘦少油汤

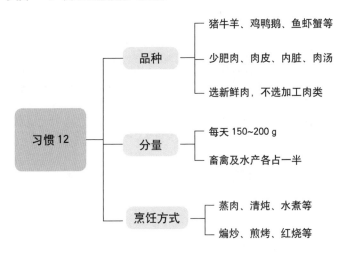

实践任务：根据上图，反思在选择及食用肉类时，你曾走进哪些误区，从今天开始改正吧。

习惯 13：每天 50 g 蛋

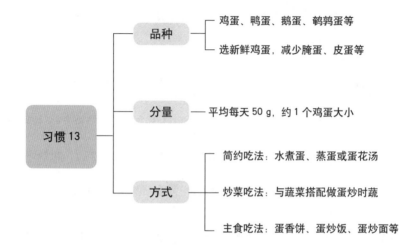

- **习惯 13**
  - **品种**
    - 鸡蛋、鸭蛋、鹅蛋、鹌鹑蛋等
    - 选新鲜鸡蛋，减少腌蛋、皮蛋等
  - **分量**
    - 平均每天 50 g，约 1 个鸡蛋大小
  - **方式**
    - 简约吃法：水煮蛋、蒸蛋或蛋花汤
    - 炒菜吃法：与蔬菜搭配做蛋炒时蔬
    - 主食吃法：蛋香饼、蛋炒饭、蛋炒面等

实践任务：用三种不同的方式，连续三天给自己做蛋香美食。

习惯 14：常吃豆制品

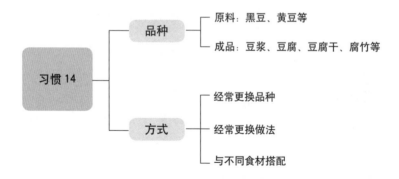

- **习惯 14**
  - **品种**
    - 原料：黑豆、黄豆等
    - 成品：豆浆、豆腐、豆腐干、腐竹等
  - **方式**
    - 经常更换品种
    - 经常更换做法
    - 与不同食材搭配

实践任务：享受一顿有豆制品的午餐，并不断更新品种与做法，持续进行下去吧。

第三部分　习惯于这样享受美食

习惯 15：采用香喷喷控油法

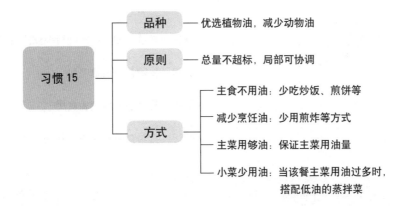

实践任务：吃一顿含高脂食物的营养餐，如红烧肉、炖排骨等，同时搭配其他低脂菜肴，保证全天油脂不超标。

习惯 16：用好"油"字瘦哺模型，准备单人餐具

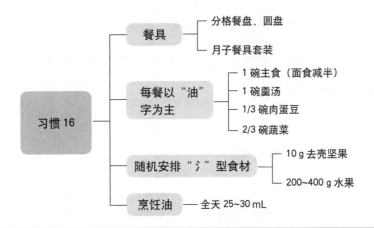

实践任务：今天的任务是采购，按照"油"字瘦哺模型，给自己准备一套单人餐具吧。

习惯17：用宴会式进餐法，自然控制主食量

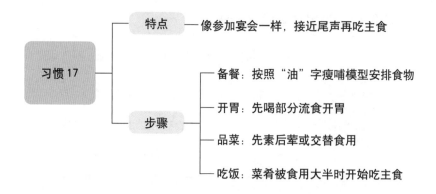

习惯17 ─┬─ 特点 ── 像参加宴会一样，接近尾声再吃主食
        │
        └─ 步骤 ─┬─ 备餐：按照"油"字瘦哺模型安排食物
                 ├─ 开胃：先喝部分流食开胃
                 ├─ 品菜：先素后荤或交替食用
                 └─ 吃饭：菜肴被食用大半时开始吃主食

实践任务：按照宴会式进餐法，先吃菜肴，再吃主食，感受下不用节食的饱瘦方法吧。

习惯18：少食多餐，用三明治餐次安排法，安排三餐三点

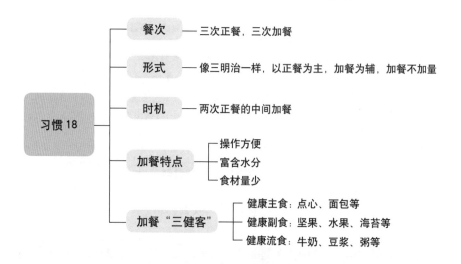

习惯18 ─┬─ 餐次 ── 三次正餐，三次加餐
        │
        ├─ 形式 ── 像三明治一样，以正餐为主，加餐为辅，加餐不加量
        │
        ├─ 时机 ── 两次正餐的中间加餐
        │
        ├─ 加餐特点 ─┬─ 操作方便
        │   ├─ 富含水分
        │   └─ 食材量少
        │
        └─ 加餐"三健客" ─┬─ 健康主食：点心、面包等
                         ├─ 健康副食：坚果、水果、海苔等
                         └─ 健康流食：牛奶、豆浆、粥等

实践任务：请你用不开火的方式，给自己安排三次加餐吧。

习惯 19：餐餐有流食，保证饮水量

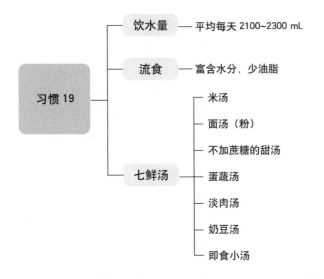

习惯 19
- 饮水量 —— 平均每天 2100~2300 mL
- 流食 —— 富含水分，少油脂
- 七鲜汤
  - 米汤
  - 面汤（粉）
  - 不加蔗糖的甜汤
  - 蛋蔬汤
  - 淡肉汤
  - 奶豆汤
  - 即食小汤

实践任务：用不加或少加油的方式，为自己烹饪或者点一份健康流食吧。

习惯 20：不添加蔗糖做甜品

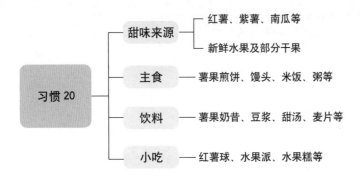

习惯 20
- 甜味来源
  - 红薯、紫薯、南瓜等
  - 新鲜水果及部分干果
- 主食 —— 薯果煎饼、馒头、米饭、粥等
- 饮料 —— 薯果奶昔、豆浆、甜汤、麦片等
- 小吃 —— 红薯球、水果派、水果糕等

实践任务：请用不加蔗糖的方式做一份甜点或者饮料，并细细品味甜而不腻的口感。

习惯 21：巧用食物原味，混搭各式美食

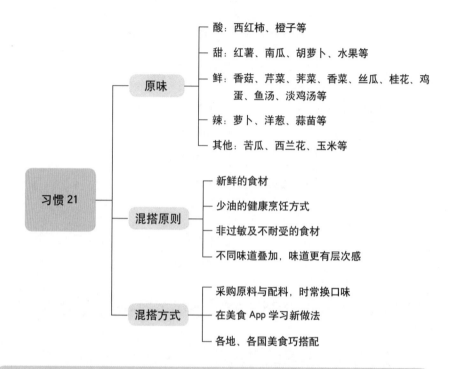

习惯 21
- 原味
  - 酸：西红柿、橙子等
  - 甜：红薯、南瓜、胡萝卜、水果等
  - 鲜：香菇、芹菜、荠菜、香菜、丝瓜、桂花、鸡蛋、鱼汤、淡鸡汤等
  - 辣：萝卜、洋葱、蒜苗等
  - 其他：苦瓜、西兰花、玉米等
- 混搭原则
  - 新鲜的食材
  - 少油的健康烹饪方式
  - 非过敏及不耐受的食材
  - 不同味道叠加，味道更有层次感
- 混搭方式
  - 采购原料与配料，时常换口味
  - 在美食 App 学习新做法
  - 各地、各国美食巧搭配

实践任务：选用新鲜、健康并且自己和宝宝不过敏的食材，尝试一种新的搭配与烹饪方式，并感受新鲜的味觉体验。